VERS UNE NOUVELLE ÈRE CÉRÉBRALE

Neurotechnologie et Révolution de la Cognition et de la Conscience Humaine

© DOMINGUES-MONTANARI, 2024

ISBN: 9798870193540

Le code de la propriété intellectuelle interdit les copies ou reproductions destinées à une utilisation collective. Toute représentation ou reproduction intégrale ou partielle faite par quelque procédé que ce soit, sans le consentement de l'auteur ou de ses ayant causes, est illicite et constitue une contrefaçon sanctionnée par les articles L 335-2 et suivants du code la propriété intellectuelle.

VERS UNE NOUVELLE ÈRE CÉRÉBRALE

Neurotechnologie et Révolution de la Cognition et de la Conscience Humaine

DR SOPHIE DOMINGUES-MONTANARI

TABLE DES MATIÈRES

Introduction : À la Découverte des Mystères du Cerveau Humain — 13

Le Cerveau Humain : Merveille d'Ingénierie Biologique — 17

La Complexité du Cerveau Humain — 19
- ❖ Introduction au Cerveau Humain — 19
- ❖ Structure du Cerveau — 22
- ❖ Fonctions Cognitives — 24
- ❖ Contrôle Moteur — 27
- ❖ Cerveau et Émotions — 30

Le Potentiel Inexploré du Cerveau — 35
- ❖ Histoire de la Recherche Cérébrale — 35
- ❖ Avancées Récentes — 38
- ❖ Questions Sans Réponse — 42
- ❖ Cas Énigmatiques et Expériences Intrigantes — 49
- ❖ Défis et Limitations de la Recherche Cérébrale — 58

Bien-Être Cérébral : Maximiser la Santé et Longévité du Cerveau — 63

Rôle de l'Alimentation dans la Santé Cérébrale — 65
- ❖ Impact de l'Alimentation sur le Cerveau — 65
- ❖ Nutrition et Troubles de la Santé Cérébrale — 69
- ❖ Nutriments Essentiels — 73
- ❖ Régimes Spécifiques pour la Cognition — 75
- ❖ Alimentation, Microbiote Intestinal et Cerveau — 76
- ❖ Biotechnologie pour Améliorer la Nutrition — 80
- ❖ Perspectives Futures — 84

La Biotechnologie pour la Longévité du Cerveau — 87

- ❖ Biotechnologie pour la Longévité Cérébrale — 87
- ❖ Préservation et de Régénération Cérébrale — 88
- ❖ Facteurs Génétiques et Longévité Cérébrale — 92
- ❖ Prévention des Maladies Neurodégénératives — 95
- ❖ Défis Éthiques de la Longévité Cérébrale — 98
- ❖ Perspectives Futures — 100

Optimiser le Cerveau : Stratégies pour Perfectionner la Cognition — 103

La Neuroplasticité pour Remodeler le Cerveau — *105*
- ❖ Comprendre la Neuroplasticité — 105
- ❖ Amélioration de la Neuroplasticité — 110
- ❖ Performances Humaines Exceptionnelles — 116
- ❖ Limites et Précautions — 122
- ❖ Perspectives Futures — 125

Perfectionner la Cognition par l'Édition Génétique — *127*
- ❖ Édition Génétique et Modification du Cerveau — 127
- ❖ Possibilités de Modification Cognitive — 132
- ❖ Applications Médicales et Thérapeutiques — 138
- ❖ Dilemmes Éthiques — 139
- ❖ Cadre Réglementaire et Normatif — 142
- ❖ Perspectives Futures — 144

Vers l'Infini Intérieur : les Mystères de la Conscience — 149

Exploration de la Conscience Humaine — *151*
- ❖ Nature de la Conscience — 151
- ❖ Bases Neurobiologiques — 155
- ❖ Théories de la Conscience — 159
- ❖ Conscience de Soi et Perception — 166
- ❖ Altérations de la Conscience — 170
- ❖ Conscience Artificielle — 173
- ❖ Conscience Collective — 176

Redéfinition de la Conscience par la Physique Quantique   *181*
- ❖ Concepts Quantiques Appliqués à la Conscience   181
- ❖ Défis Théoriques et Expérimentations   192
- ❖ Liens entre Conscience et Univers   195
- ❖ Applications Pratiques et Implications   198
- ❖ Débats Éthiques   200
- ❖ Perspectives Futures   201

Synergie Numérique et Spirituelle : Élever la Conscience à travers l'Intégration Technologique et Spirituelle   205

Biohacking Spirituel : Fusion de Technologie et Spiritualité   *207*
- ❖ Convergence entre Technologie et Spiritualité   207
- ❖ Technologies de Biohacking Spirituel   210
- ❖ Éthique et Défis Spirituels du Biohacking   215
- ❖ Perspectives   217

La Réalité Augmentée pour Élever l'Esprit   *221*
- ❖ Évolution de la Réalité Augmentée   221
- ❖ Impact sur la Perception et la Cognition   224
- ❖ Défis de la Réalité Augmentée   228
- ❖ Perspectives Futures   230

Au-Delà des Frontières Mentales : Les Avancées de la Connection Cerveau-Machine   233

La Télépathie Technologique : Quand la Pensée Devient Langage Universel   *235*
- ❖ Communication Cerveau-Ordinateur   235
- ❖ Langage Universel et Connexion Mentale   240
- ❖ Applications Pratiques   243
- ❖ Éthique de la Télépathie Technologique   248
- ❖ Perspectives Futures   249

Téléchargement de Conscience et Immortalité Cérébrale   *253*
- ❖ Possibilités de Transfert de Conscience   253

❖	Réalités Scientifiques Actuelles	256
❖	Élimination des Besoins Corporels	258
❖	Interactions entre Consciences	267
❖	Débats Philosophiques	269
❖	Défis Éthiques	271
❖	Perspectives Futures	274

Conclusion : Vers l'Infini Intérieur — **277**

Pour Aller Plus Loin — **281**

Introduction : À la Découverte des Mystères du Cerveau Humain

Le cerveau humain, véritable chef-d'œuvre d'ingénierie biologique, demeure un domaine singulièrement captivant au sein de la science et de la compréhension humaine. Il constitue un univers dynamique et complexe, abritant des potentiels encore inexploités qui suscitent notre invitation à étendre les frontières de notre compréhension. Bien davantage qu'un simple organe, le cerveau se positionne comme le centre de la pensée, de la conscience, et l'architecte de chaque aspect de notre existence.

Cette exploration passionnante nous guide au-delà des limites conventionnelles de la neurologie pour plonger dans les profondeurs du bien-être cérébral, visant à optimiser la santé et la longévité de cet organe fascinant. À travers les pages à venir, nous investiguerons les interrelations entre l'alimentation et la santé cérébrale, nous immergerons dans les avancées de la biotechnologie pour promouvoir la longévité du cerveau, et nous dévoilerons des stratégies visant à maximiser la cognition.

Nous nous aventurerons également dans le domaine de la neuroplasticité, cette remarquable capacité du cerveau à se remodeler. L'édition génétique, une frontière émergente, sera également scrutée pour appréhender son potentiel à perfectionner notre cognition.

Les mystères entourant la conscience humaine constitueront également l'épicentre de notre parcours. Une exploration approfondie nous conduira à examiner les aspects les plus énigmatiques définissant notre existence consciente. De l'exploration de la conscience humaine à une réinterprétation audacieuse à travers la physique quantique, notre trajet s'aventurera dans des territoires intellectuels stimulants.

Ce livre va au-delà d'une exploration unidimensionnelle du cerveau. Il adopte une approche holistique, cherchant une synergie entre le numérique et le spirituel pour élever la conscience. Le biohacking spirituel, une fusion innovante de technologie et de spiritualité, sera examiné, de même que l'impact de la réalité augmentée sur notre esprit.

Enfin, nous nous immergerons dans les progrès remarquables de la connexion cerveau-machine. De la télépathie technologique à la perspective audacieuse du téléchargement de conscience et de l'immortalité cérébrale, nous explorerons des horizons où la distinction entre l'homme et la machine s'efface.

Cet ouvrage, entremêlant la science et la spéculation, incite le lecteur à réévaluer sa conception du cerveau et de la conscience. À l'intersection des sciences, des technologies émergentes, et de la philosophie, cette exploration cherche à éclairer les zones obscures de notre compréhension, ouvrant la voie à des réflexions profondes sur notre propre existence.

1

Le Cerveau Humain : Merveille d'Ingénierie Biologique

La Complexité du Cerveau Humain

Ce chapitre explore la complexité et la diversité remarquables des fonctions cérébrales, soulignant ainsi le rôle central de cet organe dans la régulation des processus cognitifs, émotionnels et moteurs qui définissent notre expérience en tant qu'êtres humains.

❖ Introduction au Cerveau Humain

Le cerveau humain, souvent qualifié de chef-d'œuvre de la nature, est l'organe central du système nerveux et joue un rôle crucial dans la compréhension de l'esprit humain. Cette masse complexe de tissu nerveux, logée dans la boîte crânienne, est le siège de la pensée, des émotions, de la mémoire, de la perception et de nombreuses autres fonctions essentielles à la vie quotidienne. Comprendre le fonctionnement du cerveau revêt une importance fondamentale pour les neuroscientifiques, les psychologues et les chercheurs en sciences cognitives, car cela permet d'appréhender les mécanismes qui sous-tendent notre comportement, nos pensées et nos expériences.

Importance du Cerveau pour l'Esprit Humain

Centre de Commande et de Contrôle

Le cerveau agit comme le centre de commande et de contrôle du corps humain. Il régule les fonctions vitales telles que la respiration, la circulation sanguine, la digestion, tout en coordonnant des activités plus complexes telles que la marche, la parole et la résolution de problèmes. Cette centralisation des fonctions vitales et complexes souligne l'importance cruciale du cerveau dans la survie et le fonctionnement optimal de l'organisme.

Siège de la Pensée et de l'Émotion

Le cerveau est également le siège de la pensée, de la conscience et des émotions. Il nous permet de réfléchir de manière critique, de prendre des décisions, de ressentir de la joie, de la tristesse, de l'amour et une gamme infinie d'émotions. Comprendre comment le cerveau génère ces processus mentaux complexes est essentiel pour saisir la nature humaine dans toute sa richesse.

Mémoire et Apprentissage

Le cerveau est le réservoir de la mémoire, où sont stockées et récupérées les informations. Il est également le moteur de l'apprentissage, facilitant l'acquisition de nouvelles compétences et de nouvelles connaissances tout au long de la vie. La capacité du cerveau à se réorganiser et à former de nouvelles connexions souligne sa capacité à s'adapter et à évoluer.

Interaction avec l'Environnement

Le cerveau interagit en permanence avec l'environnement, traitant les stimuli sensoriels et orchestrant des réponses appropriées. La perception visuelle, auditive, tactile et d'autres formes de perception sont toutes des fonctions cérébrales qui nous permettent de comprendre le monde qui nous entoure.

Diversité des Fonctions Cérébrales

Structure du Cerveau

La structure du cerveau est extraordinairement complexe. Divisé en plusieurs parties, dont le cerveau avant, le cerveau moyen et le cerveau arrière, chacune de ces régions a des fonctions spécifiques. Le cortex cérébral, la couche externe du cerveau, est particulièrement important dans les processus cognitifs supérieurs tels que la pensée, la planification et le langage.

Réseau de Neurones

La complexité du cerveau réside dans son réseau de neurones, des cellules spécialisées qui transmettent l'information sous forme d'impulsions électriques et chimiques. Ces connexions neuronales forment des réseaux qui sous-tendent toutes les fonctions cérébrales. Comprendre la manière dont ces réseaux interagissent est essentiel pour saisir la complexité des processus mentaux.

Hémisphères Cérébraux

Les deux hémisphères cérébraux, gauche et droit, sont spécialisés dans des fonctions différentes. Le côté gauche est souvent associé à la logique, au langage et aux compétences analytiques, tandis que le côté droit est davantage lié à la créativité, à l'intuition et à la perception spatiale. La coopération entre ces deux hémisphères contribue à la diversité des capacités cognitives humaines.

Plasticité Cérébrale

La plasticité cérébrale permet au cerveau de s'adapter à de nouvelles expériences et à des environnements changeants. Cette capacité à remodeler ses connexions en réponse à l'apprentissage ou à la récupération après une blessure souligne la flexibilité et l'adaptabilité remarquables du cerveau humain.

❖ Structure du Cerveau

Le cerveau est une structure anatomique complexe et fascinante. Comprendre son anatomie générale et son réseau neuronal est essentiel pour appréhender les bases physiques de la perception, de la mémoire, et de la prise de décision.

Anatomie Générale

Cerveau, Cervelet, Tronc Cérébral

Le cerveau humain peut être divisé en trois principales régions : le cerveau, le cervelet, et le tronc cérébral. Le cerveau, la partie la plus volumineuse, est responsable de nombreuses fonctions cognitives supérieures, telles que la pensée, la mémoire, et le langage. Le cervelet, situé à l'arrière du cerveau, est impliqué dans la coordination des mouvements et le maintien de l'équilibre. Le tronc cérébral, reliant le cerveau à la moelle épinière, contrôle des fonctions vitales telles que la respiration et la fréquence cardiaque.

Hémisphères Cérébraux et Lobes

Les deux hémisphères cérébraux, droit et gauche, sont séparés par une structure appelée le corps calleux. Chaque hémisphère est subdivisé en quatre lobes : le frontal, le pariétal, le temporal, et l'occipital. Chaque lobe a des fonctions spécifiques. Le lobe frontal est impliqué dans la planification, la résolution de problèmes et le contrôle des mouvements volontaires. Le lobe pariétal traite les informations sensorielles, tandis que le lobe temporal est essentiel pour l'audition et la mémoire. Enfin, le lobe occipital est dédié à la vision.

Réseau Neuronal

Neurones et Synapses

Le tissu nerveux du cerveau est composé de cellules de base appelées neurones. Ces cellules spécialisées sont responsables de la transmission de l'information à travers le cerveau. Chaque neurone a un corps cellulaire, des dendrites qui reçoivent les signaux, et un axone qui transmet les signaux à d'autres neurones. Les neurones communiquent entre eux au niveau de zones appelées synapses, qui sont des jonctions où les signaux sont transmis par des substances chimiques appelées neurotransmetteurs. Cette communication complexe entre les neurones est essentielle pour toutes les fonctions cérébrales.

Plasticité Cérébrale

La plasticité cérébrale, souvent décrite comme la capacité du cerveau à se remodeler en réponse à l'expérience, est un aspect crucial de son fonctionnement. Cette plasticité se manifeste à différents niveaux, allant de la formation de nouvelles connexions synaptiques à la réorganisation de régions entières du cerveau. La plasticité cérébrale est particulièrement évidente pendant le développement, où le cerveau s'adapte à de nouvelles informations et expériences. Cependant, elle persiste tout au long de la vie, permettant à l'individu de s'adapter à de nouveaux défis, d'apprendre de nouvelles compétences, et de récupérer après une blessure cérébrale.

La plasticité cérébrale est étroitement liée à la capacité du cerveau à former de nouvelles synapses ou à ajuster la force des connexions existantes. L'apprentissage et la mémoire sont des processus qui dépendent largement de cette plasticité. Par exemple, lorsque nous apprenons quelque chose de nouveau, des changements physiques se produisent au niveau des synapses, renforçant ou affaiblissant les connexions entre les neurones. Cette adaptabilité remarquable du cerveau souligne sa capacité à évoluer en fonction de l'environnement et des expériences individuelles.

❖ Fonctions Cognitives

Le cerveau humain permet la perception sensorielle, la mémoire, la pensée et le raisonnement. Ces processus interconnectés forment le tissu même de notre expérience quotidienne, façonnant la manière dont nous comprenons le monde qui nous entoure, apprenons, et prenons des décisions.

Perception Sensorielle

Vision, Audition, Toucher, Goût, Odorat

La perception sensorielle est la porte d'entrée de notre interaction avec le monde extérieur. La vision, avec ses millions de photorécepteurs dans la rétine, nous permet de percevoir la lumière et de former des images complexes. L'audition, grâce à la transformation des ondes sonores en signaux électriques, nous offre la capacité d'entendre et d'interpréter des sons variés. Le toucher, impliquant des récepteurs cutanés, nous donne la sensation de la texture, de la pression et de la chaleur. Le goût et l'odorat, étroitement liés, sont des sens chimiques qui nous permettent de percevoir et d'apprécier une vaste gamme de saveurs et d'odeurs. Ces sens travaillent de concert pour créer une représentation holistique de notre environnement.

Chacun de ces sens est traité dans des régions spécifiques du cerveau. La vision est principalement traitée dans le cortex visuel, l'audition dans le cortex auditif, et ainsi de suite. L'intégration de ces informations sensorielles se produit au niveau du cortex associatif, où des expériences passées, des émotions et des contextes influencent notre perception actuelle.

Mémoire

Types de Mémoire : À Court Terme, À Long Terme

La mémoire est un aspect essentiel de la cognition, permettant le stockage et la récupération d'informations. On distingue généralement deux types de mémoire : à court terme et à long terme. La mémoire à court terme est responsable du stockage temporaire d'informations, souvent limité à quelques secondes. C'est ce qui nous permet de retenir un numéro de téléphone juste assez longtemps pour le composer. La mémoire à long terme, en revanche, implique le stockage d'informations sur une période prolongée, allant de quelques heures à toute une vie. Ces deux types de mémoire travaillent en tandem pour nous permettre de fonctionner de manière fluide dans notre vie quotidienne.

Mécanismes de Formation et de Rappel

La formation de la mémoire implique plusieurs processus complexes. L'encodage est le processus par lequel les informations sensorielles sont transformées en une forme qui peut être stockée dans le cerveau. Le stockage de ces informations se produit dans différentes régions du cerveau, selon le type de mémoire. Le rappel est le processus de récupération de ces informations stockées.

Les mécanismes de formation et de rappel sont influencés par des facteurs tels que l'attention, la répétition, l'émotion et le contexte. Des souvenirs particulièrement émotionnels, par exemple, ont tendance à être mieux encodés et rappelés. La répétition renforce également la formation de la mémoire, créant des connexions neuronales plus robustes.

Pensée et Raisonnement

Processus Cognitifs

La pensée et le raisonnement sont des processus cognitifs supérieurs qui distinguent l'homme des autres espèces. La pensée implique la manipulation mentale d'informations, la génération d'idées et la résolution de problèmes. Les processus de raisonnement permettent de tirer des conclusions à partir d'informations données. Ces capacités cognitives complexes impliquent la coordination de diverses régions du cerveau, y compris le cortex préfrontal, siège des fonctions exécutives.

La pensée abstraite, la planification, la créativité et la résolution de problèmes sont des exemples de processus cognitifs. Ces activités font appel à la mémoire, à l'attention et aux compétences exécutives pour produire des résultats cohérents et adaptatifs.

Prise de Décision

La prise de décision est un aspect fondamental de la pensée humaine. Elle repose sur l'évaluation de différentes options, la prévision des conséquences potentielles et la sélection de la meilleure alternative. Les émotions jouent souvent un rôle dans ce processus, influençant nos préférences et nos choix.

La neurobiologie de la prise de décision implique des structures cérébrales telles que le cortex préfrontal, le striatum et l'amygdale. Ces régions interagissent pour évaluer les risques, attribuer des valeurs aux options et réguler les réponses émotionnelles qui peuvent influencer la décision.

❖ Contrôle Moteur

Le contrôle moteur, fondamental pour l'interaction avec notre environnement, est l'un des aspects les plus complexes et intrigants du fonctionnement du cerveau humain. Ce processus implique la coordination de multiples systèmes, du cerveau aux muscles, pour générer des mouvements précis et adaptatifs.

Système Moteur et Mouvement

Le système moteur englobe l'ensemble des structures anatomiques et des processus physiologiques qui contribuent à la production du mouvement. Il se compose de plusieurs niveaux, du cerveau aux muscles périphériques, et opère de manière intégrée pour permettre une vaste gamme de mouvements, de la simple action de saisir un objet à des mouvements plus complexes, tels que la marche ou la danse.

Le Cerveau

Le cerveau joue un rôle central dans le contrôle moteur. Les aires motrices, situées principalement dans le lobe frontal, sont les principaux acteurs dans la planification, l'initiation et la régulation des mouvements. L'aire motrice primaire, également appelée cortex moteur primaire, est particulièrement importante. Elle est responsable de l'exécution des mouvements volontaires, avec chaque région du corps représentée de manière somatotopique, c'est-à-dire que différentes parties du corps sont attribuées à des zones spécifiques de cette région du cortex.

La Moelle Épinière

La moelle épinière agit comme une interface essentielle entre le cerveau et les muscles. Elle contient des circuits neuronaux qui peuvent générer des réponses motrices simples sans nécessiter une commande directe du cerveau. Ces réflexes sont vitaux pour des réponses rapides et adaptatives aux stimuli environnementaux.

Le Système Nerveux Périphérique

Le système nerveux périphérique transmet les signaux moteurs de la moelle épinière aux muscles et aux organes effecteurs. Les nerfs moteurs transportent les signaux du cerveau aux muscles squelettiques, permettant ainsi le mouvement volontaire. Les muscles, à leur tour, convertissent ces signaux en mouvements physiques.

Les Muscles

Les muscles, composés de fibres musculaires, sont les exécutants finaux du mouvement. Lorsqu'ils reçoivent des signaux nerveux, ils se contractent, générant une force qui déplace les os et les articulations, entraînant ainsi le mouvement.

Implication des Aires Motrices du Cerveau

Aire Motrice Primaire

L'aire motrice primaire, située dans le gyrus précentral du lobe frontal, est cruciale pour la génération de mouvements volontaires. Chaque partie spécifique de cette région contrôle une partie spécifique du corps. Les neurones dans cette aire envoient des signaux moteurs aux muscles, déclenchant ainsi les mouvements souhaités. La représentation somatotopique de l'aire motrice primaire signifie que la taille de la région correspond à la quantité de contrôle moteur nécessaire pour une partie du corps donnée, avec les mains et la face occupant une proportion disproportionnée, soulignant leur importance dans les mouvements complexes.

Aire Motrice Supplémentaire

L'aire motrice supplémentaire, située également dans le lobe frontal, est impliquée dans la planification et la coordination des mouvements complexes impliquant plusieurs parties du corps. Elle joue un rôle essentiel dans la séquence et la coordination des mouvements, notamment dans des activités telles que la danse ou la manipulation d'objets complexes.

Cortex Préfrontal

Le cortex préfrontal, bien que souvent associé à des fonctions exécutives plus complexes, joue également un rôle dans le contrôle moteur. Il est impliqué dans la planification à long terme, la prise de décision et l'inhibition des mouvements indésirables. Les connexions entre le cortex préfrontal et les aires motrices contribuent à la coordination des mouvements en fonction des objectifs et des intentions de l'individu.

Le Cervelet

Le cervelet, situé à l'arrière du cerveau, est crucial pour la coordination motrice et la précision des mouvements. Il reçoit des informations sensorielles sur la position du corps et des membres et les compare aux commandes motrices du cerveau. Cette rétroaction permet au cervelet d'ajuster et de corriger les mouvements en temps réel, assurant une exécution précise des tâches motrices.

Ganglions de la Base

Les ganglions de la base, situés dans les régions sous-corticales, contribuent à la régulation des mouvements volontaires. Ils agissent en filtrant et en modulant les signaux provenant du cortex moteur, influençant ainsi la sélection et l'initiation des mouvements. Ils sont aussi impliqués dans la planification et l'apprentissage moteur.

❖ Cerveau et Émotions

Le cerveau humain est étroitement lié aux processus émotionnels. Les émotions, des expériences subjectives qui peuvent varier du bonheur à la tristesse, de la peur à l'amour, sont des manifestations profondes de notre vie intérieure.

Connexions Émotionnelles

Le Système Limbique

Le système limbique, souvent considéré comme le centre émotionnel du cerveau, est une série de structures cérébrales interconnectées. L'amygdale, une composante clé du système limbique, est impliquée dans le traitement des émotions, en particulier dans la réponse à des stimuli perçus comme menaçants ou récompensants. L'hippocampe, également situé dans le système limbique, est crucial pour la mémoire émotionnelle, aidant à stocker et à récupérer des souvenirs liés aux expériences émotionnelles.

Le Cortex Préfrontal

Le cortex préfrontal, en particulier le cortex orbitofrontal, joue un rôle essentiel dans la régulation émotionnelle. Il est impliqué dans la modulation des réponses, la prise de décision et la compréhension des conséquences émotionnelles des actions. Les connexions entre le cortex préfrontal et le système limbique permettent un contrôle cognitif, aidant à réguler les émotions de manière adaptative.

Le Thalamus

Le thalamus, agissant comme une sorte de relais sensoriel, transmet les informations sensorielles vers le cortex et le système limbique. Il joue un rôle clé dans la perception des stimuli émotionnels, relayant les signaux qui déclenchent des réponses émotionnelles. La capacité du thalamus à filtrer et à prioriser les informations sensorielles contribue à l'aspect sélectif de nos réponses émotionnelles.

Neurones Miroirs

Les neurones miroirs, situés dans le cortex moteur, sont également impliqués dans les connexions émotionnelles. Ces neurones s'activent non seulement lors de l'exécution d'une action, mais aussi lors de l'observation de cette action chez autrui. Cette capacité à ressentir ce que ressentent les autres, ou empathie, joue un rôle crucial dans notre compréhension et notre connexion émotionnelle avec les autres.

Impact sur le Bien-Être Mental

Influence sur le Comportement

Les connexions émotionnelles ont une influence profonde sur notre comportement quotidien. Les émotions agissent comme des signaux, guidant nos actions et nos réactions. Par exemple, la peur peut déclencher une réaction de fuite face à une menace perçue, tandis que la joie peut motiver des comportements sociaux positifs. La compréhension de ces connexions émotionnelles peut être cruciale pour promouvoir des comportements adaptatifs et la gestion du stress.

Relation avec la Mémoire

Les émotions sont étroitement liées à la mémoire. Des événements émotionnellement chargés ont tendance à être mieux mémorisés que des événements neutres. L'impact émotionnel sur la mémoire peut avoir des implications importantes pour le bien-être mental, car il peut influencer la manière dont nous percevons et interprétons les expériences passées.

Stress et Réponse Émotionnelle

Le stress, une réponse émotionnelle à des défis perçus, a des répercussions importantes sur le bien-être mental. Le système de réponse au stress, comprenant des hormones telles que le cortisol, peut avoir des effets durables sur le cerveau et le corps. Un stress chronique peut contribuer à des problèmes de santé mentale.

Rôle dans les Troubles Émotionnels

Les troubles émotionnels, tels que l'anxiété et la dépression, sont souvent associés à des altérations dans les connexions émotionnelles du cerveau. Des déséquilibres dans les neurotransmetteurs, des changements structurels dans le cerveau et des réponses émotionnelles dysfonctionnelles peuvent tous contribuer à ces troubles. Comprendre ces mécanismes est essentiel pour développer des interventions thérapeutiques efficaces.

Importance de la Régulation Émotionnelle

La régulation émotionnelle, ou capacité à modérer et à ajuster les réponses émotionnelles, est cruciale pour le bien-être mental. Une régulation émotionnelle efficace permet de faire face aux défis de la vie, de maintenir des relations saines et de favoriser la résilience face au stress. Des techniques telles que la méditation, la pleine conscience et la thérapie cognitivo-comportementale sont souvent utilisées pour renforcer cette compétence.

Le Potentiel Inexploré du Cerveau

Ce chapitre décrit les avancées récentes en recherche cérébrale et identifie les zones inexplorées du cerveau humain, mettant en lumière les capacités latentes qui pourraient redéfinir notre perception de l'intelligence et de la conscience.

❖ Histoire de la Recherche Cérébrale

L'exploration du cerveau, longtemps considéré comme l'un des organes les plus mystérieux du corps humain, a évolué à travers les différentes époques, reflétant l'évolution des connaissances scientifiques et des méthodes de recherche.

Antiquité et Fondements Philosophiques

Les premières interrogations sur la nature du cerveau remontent à l'Antiquité, où les connaissances étaient souvent basées sur la philosophie et la spéculation plutôt que sur des observations scientifiques. En Grèce antique, des penseurs tels qu'Hippocrate (460-377 av. J.-C.) considéraient le cerveau comme le siège de l'intelligence, mais la compréhension exacte de son fonctionnement restait largement théorique.

Cependant, le célèbre philosophe Aristote (384-322 av. J.-C.) suggéra une perspective différente. Il croyait que le cœur était le centre de la pensée et que le cerveau servait principalement à refroidir le sang. Cette idée, bien que fausse, persista pendant des siècles, illustrant la résistance aux changements de paradigme dans le domaine de la recherche cérébrale.

Renaissance et Débuts de l'Anatomie Cérébrale

La Renaissance a marqué une période de redécouverte des connaissances antiques et de nouvelles explorations scientifiques. Andreas Vesalius (1514-1564), anatomiste flamand, a joué un rôle essentiel en remettant en question certaines idées préconçues. Dans son ouvrage « De humani corporis fabrica » (1543), Vesalius a présenté des illustrations anatomiques détaillées, y compris celles du cerveau, contribuant ainsi à une meilleure compréhension de la structure du système nerveux.

Pionniers de la Physiologie Cérébrale

Au XVIIe siècle, la recherche cérébrale a commencé à évoluer vers une approche plus expérimentale. Thomas Willis (1621-1675), médecin anglais, a été l'un des premiers à suggérer que le cerveau était le centre du contrôle et de la coordination du corps. Ses travaux ont jeté les bases de la physiologie cérébrale et ont introduit des concepts tels que la circulation cérébrale.

Au XVIIIe siècle, les progrès dans la compréhension de la chimie et de la physiologie ont ouvert de nouvelles perspectives. Albrecht von Haller (1708-1777), physiologiste suisse, a contribué à la compréhension des nerfs et a introduit le concept de l'excitabilité des tissus nerveux. Ces idées ont préparé le terrain pour les futures recherches sur les fonctions électriques du cerveau.

Électricité et Réflexes : Naissance de la Neurophysiologie

Le XIXe siècle a été témoin d'avancées majeures dans la compréhension du cerveau, stimulées en partie par les progrès dans le domaine de l'électricité. Luigi Galvani (1737-1798) et

Alessandro Volta (1745-1827) ont ouvert la voie à l'étude des processus électriques dans le corps. Cette exploration électrique a conduit à des découvertes importantes, notamment les travaux de Emil du Bois-Reymond (1818-1896) sur les potentiels d'action nerveux.

Claude Bernard (1813-1878), physiologiste français, a approfondi notre compréhension du rôle du système nerveux dans la régulation de l'homéostasie corporelle. Ses expérimentations sur la régulation du sucre sanguin ont jeté les bases de la compréhension du système nerveux autonome.

Cartographie Cérébrale et Neuroanatomie

La fin du XIXe siècle et le début du XXe siècle ont été marqués par des avancées significatives dans la neuroanatomie. Santiago Ramón y Cajal (1852-1934), considéré comme le père de la neurologie moderne, a utilisé la coloration argentique pour identifier les neurones et décrire leur structure. Ses travaux ont établi que le système nerveux est composé d'unités cellulaires distinctes et ont jeté les bases de la théorie neuronale.

La recherche cérébrale a atteint de nouveaux sommets au début du XXe siècle avec l'avènement de techniques de cartographie cérébrale. Korbinian Brodmann (1868-1918) a créé la célèbre carte du cerveau humain, divisant le cortex en régions numérotées en fonction de la structure cellulaire. Cette approche a ouvert la voie à une compréhension plus précise de la fonction cérébrale régionale.

Neurochimie et Neuroimagerie

La seconde moitié du XXe siècle a été marquée par une expansion rapide des techniques de recherche cérébrale. Les découvertes en neurochimie, avec l'identification de neurotransmetteurs tels que la sérotonine et la dopamine, ont jeté les bases de la compréhension des bases moléculaires des fonctions cérébrales.

L'avènement de la neuroimagerie, avec des techniques telles que la tomographie par émission de positons (PET) et l'imagerie par résonance magnétique (IRM), a révolutionné la recherche cérébrale en permettant l'observation directe de l'activité cérébrale. Ces technologies ont permis d'explorer les corrélations entre l'activité cérébrale et les fonctions mentales, ouvrant de nouvelles perspectives sur les troubles neurologiques et psychiatriques.

❖ Avancées Récentes

La recherche sur le cerveau a connu des avancées spectaculaires au cours des dernières décennies, propulsée par l'émergence de technologies de pointe qui nous permettent de sonder le cerveau de manière plus détaillée et précise que jamais. Parmi ces avancées, l'imagerie cérébrale et les neurotechnologies occupent une place centrale, ouvrant de nouvelles perspectives sur la compréhension des processus cérébraux complexes.

Imagerie Cérébrale

IRM (Imagerie par Résonance Magnétique)

L'IRM est devenue une pierre angulaire de la recherche en neurosciences. Elle utilise des champs magnétiques et des ondes radio pour générer des images détaillées des structures anatomiques et fonctionnelles du cerveau. Les récentes avancées dans l'IRM, telles que l'IRM fonctionnelle (IRMf), permettent d'observer l'activité cérébrale en temps réel en mesurant les changements dans le flux sanguin. Cela offre des informations précieuses sur les régions du cerveau associées à des fonctions spécifiques et a révolutionné notre compréhension de la connectivité cérébrale.

TEP (Tomographie par Émission de Positons)

La TEP est une technique d'imagerie fonctionnelle qui mesure l'activité métabolique du cerveau en utilisant des traceurs radioactifs. Elle permet d'observer les changements dans les niveaux de glucose et d'oxygène, fournissant des informations cruciales sur les processus métaboliques associés à l'activité neuronale. La combinaison de la TEP avec d'autres techniques, comme l'IRM, offre une vision plus complète de l'activité cérébrale, ouvrant des perspectives pour la compréhension des troubles neurologiques et psychiatriques.

EEG (Électroencéphalographie)

L'EEG enregistre les fluctuations électriques du cerveau à la surface du crâne en utilisant des électrodes. Les avancées récentes dans les technologies EEG, telles que les casques secs et les algorithmes de traitement du signal, améliorent la qualité des enregistrements et permettent une plus grande mobilité. L'EEG offre une résolution temporelle exceptionnelle, permettant l'observation des changements électriques en temps réel. Cette technique est cruciale pour étudier les rythmes cérébraux, l'état d'éveil et d'attention mentale (vigilance), et a des applications pratiques dans la recherche sur le sommeil et les interfaces cerveau-machine (ICM).

Technologies Émergentes

Interfaces Cerveau-Machine

Les ICM représentent une frontière passionnante de la recherche sur le cerveau. Ces interfaces permettent la communication directe entre le cerveau et un dispositif externe, souvent un ordinateur. Des progrès récents dans les ICM ont permis des réalisations impressionnantes, comme la commande d'un curseur par la pensée ou même le contrôle d'une prothèse robotique. Des chercheurs explorent également les ICM pour des applications médicales, notamment la restauration de la mobilité chez les personnes paralysées.

Modulation Neurologique

Des techniques telles que la stimulation magnétique transcrânienne (SMT) et la stimulation cérébrale profonde (SCP) permettent de moduler l'activité cérébrale. Ces approches non invasives offrent des possibilités thérapeutiques pour traiter des troubles neurologiques tels que la dépression, la maladie de Parkinson et les troubles du spectre autistique.

Optogénétique

L'optogénétique, une technique qui utilise la lumière pour contrôler l'activité des neurones, offre un moyen de manipuler sélectivement des populations neuronales spécifiques. Cette approche a le potentiel de révéler les mécanismes sous-jacents à des comportements complexes et d'explorer les possibilités de moduler l'activité cérébrale à des fins thérapeutiques.

L'intelligence artificielle (IA)

L'IA joue également un rôle croissant dans la compréhension du cerveau. Les modèles d'apprentissage automatique peuvent analyser d'énormes ensembles de données cérébrales pour identifier des schémas complexes et déduire des relations qui pourraient échapper aux analyses conventionnelles. Ces approches computationnelles aident à déchiffrer les mystères de la cognition et à prédire les réponses cérébrales.

Autres Progrès Récents

Neuroplasticité

La neuroplasticité, ou capacité du cerveau à se réorganiser et à s'adapter, est au cœur de nombreuses recherches récentes. Les avancées dans les techniques d'imagerie cérébrale ont permis d'observer la neuroplasticité en action, y compris dans des contextes tels que l'apprentissage, la récupération après des lésions cérébrales, et la rééducation. Des interventions basées sur la stimulation cérébrale, telles que la SMT et SCP, sont également utilisées pour moduler la plasticité cérébrale et améliorer les performances cognitives.

Connectomique

La connectomique, permettant la cartographie exhaustive des connexions neuronales du cerveau, représente une avancée majeure dans la compréhension de la connectivité cérébrale. Les techniques telles que l'IRM et la TEP permettent de suivre les voies neuronales avec une précision accrue. Cette approche révolutionnaire offre des aperçus sans précédent sur la manière dont les régions cérébrales interagissent.

Dispositifs pour Surveiller la Santé Cérébrale

Dispositifs de Surveillance Portable

Les dispositifs de surveillance portable, tels que les casques EEG portables et les bandeaux neurologiques, permettent un suivi continu de l'activité cérébrale. Ils offrent des données en temps réel sur les ondes cérébrales, les signaux électriques et d'autres paramètres, fournissant ainsi des informations précieuses pour la détection précoce de problèmes neurologiques.

Capteurs Implantables et Biocapteurs

Les capteurs implantables et les biocapteurs offrent une approche plus invasive mais extrêmement précise pour surveiller la santé cérébrale. Ces dispositifs peuvent être implantés directement dans le cerveau pour surveiller des paramètres tels que la pression intracrânienne, la température et les niveaux de neurotransmetteurs. Ils sont particulièrement utiles dans la gestion des conditions neurologiques graves.

❖ Questions Sans Réponse

Les développements technologiques récents offrent de nouvelles façons de sonder les complexités cérébrales. Cependant, malgré ces avancées, de nombreuses énigmes subsistent, défiant les chercheurs et alimentant la fascination continue pour le cerveau humain.

Cartographie Cérébrale : Connaissances Actuelles et Zones d'Ombre

La cartographie du cerveau est une tâche ambitieuse entreprise par des chercheurs à l'échelle mondiale. Elle consiste en l'identification et la représentation détaillée des structures cérébrales ainsi que de leurs interactions complexes. Les régions cérébrales sont associées à des fonctions spécifiques, et la cartographie permet de comprendre comment ces zones interagissent pour soutenir la cognition, les émotions et le mouvement.

Plusieurs techniques avancées sont employées dans la cartographie cérébrale, mais l'IRM et la TEP sont parmi les plus couramment utilisées. L'IRM permet d'obtenir des images détaillées de la structure cérébrale, tandis que la TEP offre des informations sur l'activité neuronale.

De nombreuses structures et fonctions cérébrales ont déjà pu être précisément identifiées et cartographiées. Parmi celles-ci, on trouve :

- Lobes Cérébraux : Les quatre lobes principaux du cerveau - frontal, pariétal, temporal et occipital - ont été cartographiés pour comprendre leurs rôles spécifiques. Par exemple, le lobe frontal est souvent associé aux fonctions exécutives et au contrôle moteur, tandis que le lobe temporal est impliqué dans le traitement auditif et la mémoire.

- Gyrus et Sulcus : Les circonvolutions (gyrus) et les sillons (sulcus) de la surface corticale ont été minutieusement cartographiés pour comprendre la topographie cérébrale. Certains gyri et sulcus sont associés à des fonctions spécifiques, et leur cartographie permet de localiser des zones précises du cerveau.

- Centres de Langage : La cartographie cérébrale a permis d'identifier des zones spécifiques associées à la production et à la compréhension du langage. L'aire de Broca, par exemple, est impliquée dans la production du langage, tandis que l'aire de Wernicke est liée à la compréhension.

- Cortex Moteur et Sensoriel : Les régions du cortex moteur et sensoriel ont été cartographiées pour comprendre la représentation spatiale du corps dans le cerveau, souvent appelée homonculus cortical. Cela permet de localiser les zones responsables du mouvement et de la perception sensorielle pour différentes parties du corps.

- Hippocampe : Cette structure clé dans le lobe temporal est cruciale pour la mémoire spatiale et a été cartographiée pour comprendre son rôle dans la formation des souvenirs.
- Thalamus et Hypothalamus : Ces structures sous-corticales ont été cartographiées pour comprendre leur rôle dans la régulation des fonctions vitales, du sommeil, et de la transmission des signaux sensoriels.

Ces avancées ont des implications majeures en neurologie, psychologie et psychiatrie, offrant des clés pour comprendre et traiter des conditions telles que la maladie d'Alzheimer, la dépression et la schizophrénie.

Cependant, des zones d'ombre persistent.

- Une des zones d'ombre majeures réside dans la compréhension précise des mécanismes sous-jacents à la conscience. Bien que la cartographie cérébrale ait permis d'identifier des régions cérébrales associées à des fonctions spécifiques, la nature exacte de la conscience demeure une énigme.
- De plus, la variabilité interindividuelle constitue un défi majeur. Chaque cerveau étant unique, la cartographie cérébrale doit prendre en compte cette diversité pour développer une compréhension plus précise des différences individuelles dans la structure et la fonction cérébrales. Les réponses aux stimuli, les seuils de perception, et même la disposition anatomique peuvent varier considérablement d'une personne à l'autre.

- Les interactions complexes entre les différentes régions du cerveau représentent un autre domaine obscur. Comprendre comment ces régions travaillent en tandem pour générer des pensées, des émotions et des mouvements requiert une cartographie fine des connexions neuronales et des réseaux fonctionnels, une tâche complexe encore en cours de développement.

Régions du Cerveau Sous-Étudiées

Certaines zones du cerveau, bien que cruciales, restent sous-étudiées en raison de leur complexité ou de leur difficulté d'accès. Le complexe amygdalien, par exemple, situé profondément dans le cerveau, est impliqué dans le traitement des émotions, mais les mécanismes précis de son fonctionnement demeurent un mystère. De même, le gyrus denté, une région de l'hippocampe, est associé à la formation de nouveaux souvenirs, mais son rôle exact reste flou.

Les régions sous-étudiées détiennent un potentiel inexploité qui pourrait offrir des perspectives novatrices sur la cognition humaine. L'exploration de ces zones pourrait révéler des mécanismes inattendus et des interactions subtiles qui contribuent à des aspects cruciaux de la pensée, de la perception et de la prise de décision.

Dans ce contexte, les technologies émergentes, telles que l'optogénétique, qui permet la manipulation précise des neurones à l'aide de la lumière, ouvrent de nouvelles avenues pour sonder ces zones jadis inaccessibles.

Énigmes Non Résolues

Nature de la Conscience

La question de la conscience reste parmi les plus énigmatiques. Comment émerge-t-elle à partir de l'activité neuronale ? Qu'est-ce qui donne naissance à notre expérience subjective du monde ? Ces questions restent sans réponse.

David Chalmers a introduit le terme « problème difficile de la conscience » pour désigner ce défi philosophique lié à l'explication de la nature subjective de l'expérience consciente, également connue sous le nom de qualia. Il distingue entre le « problème facile » de la conscience, qui concerne la compréhension des mécanismes cérébraux liés aux fonctions cognitives, et le « problème difficile », qui explore pourquoi et comment ces processus cérébraux donnent lieu à une expérience subjective, un aspect qui semble difficile à expliquer uniquement à travers une approche neuroscientifique ou cognitive. Cette distinction a influencé de manière significative les débats philosophiques et scientifiques sur la nature de la conscience.

Les technologies émergentes, en particulier la cartographie fine des connexions neuronales et la modulation précise de l'activité cérébrale, pourraient ouvrir des perspectives nouvelles sur les mécanismes sous-jacents à la conscience humaine.

Mécanismes de la Mémoire

Bien que nous comprenions certains aspects de la mémoire, tels que le stockage à court et à long terme, les mécanismes précis de la formation, de la consolidation et de la récupération des souvenirs continuent à échapper à une compréhension complète.

Compréhension des Émotions

Les émotions, essentielles à notre expérience humaine, ne sont pas entièrement déchiffrées. Les mécanismes neurobiologiques exacts qui sous-tendent la gamme complexe des émotions humaines demeurent en grande partie inexplorés.

Créativité

La créativité, la capacité de générer des idées nouvelles et originales, est l'une des capacités les plus fascinantes du cerveau humain. Les processus cérébraux sous-jacents à la créativité échappent largement à une explication linéaire. Des zones comme le cortex préfrontal, le cortex cingulaire antérieur et le striatum sont associées à des aspects spécifiques de la créativité, mais comment ces régions interagissent pour donner naissance à des œuvres créatives reste en grande partie un mystère.

Intuition

L'intuition, cette capacité à comprendre ou à percevoir quelque chose sans recourir à une analyse consciente, est une autre dimension intrigante du potentiel cérébral. Certaines études suggèrent que l'intuition pourrait être liée à des processus subconscients dans des régions telles que le système limbique, mais l'étendue précise de son origine reste floue.

Résilience Émotionnelle

La résilience émotionnelle, la capacité à faire face aux défis émotionnels et à s'adapter à l'adversité, reste un domaine où les mécanismes neurobiologiques sont encore mal compris. Des zones comme l'amygdale et le cortex préfrontal semblent jouer un rôle, mais comment ces régions interagissent pour promouvoir la résilience demeure un domaine d'investigation actif.

Perspectives d'Avancées Majeures

Traitements Personnalisés des Troubles Neurologiques

Les avancées dans la connectomique, la modulation neurologique et les ICM ouvrent la voie à des traitements plus personnalisés pour les troubles neurologiques. Comprendre la connectivité spécifique d'un individu et développer des interventions ciblées pourrait révolutionner la manière dont nous traitons des conditions telles que la dépression, l'épilepsie et la maladie d'Alzheimer.

Compréhension des Troubles Psychiatriques

Les technologies émergentes permettent une exploration plus approfondie des bases neurobiologiques des troubles psychiatriques tels que la schizophrénie, le trouble bipolaire et la dépression. Cela pourrait conduire à des diagnostics plus précis et à des interventions plus efficaces, améliorant ainsi la qualité de vie des personnes touchées.

Nouvelles Thérapies pour la Plasticité Cérébrale

La modulation neurologique précise, combinée à une meilleure compréhension de la plasticité cérébrale, offre des opportunités pour développer des thérapies visant à stimuler la récupération après des lésions cérébrales, à améliorer les performances cognitives et à traiter des conditions telles que les troubles du spectre autistique.

❖ Cas Énigmatiques et Expériences Intrigantes

Des phénomènes cérébraux intrigants qui défient notre compréhension conventionnelle émergent parfois. Ces cas énigmatiques, allant des expériences de perception altérée aux étonnantes capacités cognitives, suscitent un intérêt profond tant dans le domaine scientifique que dans l'imaginaire collectif.

Exemples d'Individus avec des Capacités Extraordinaires

Shakuntala Devi

Shakuntala Devi, surnommée « la calculatrice humaine », possédait des capacités mathématiques extraordinaires. Née en 1929 en Inde, elle démontra un don exceptionnel pour les calculs mentaux dès son plus jeune âge. Sa notoriété a atteint son apogée en 1980 lorsqu'elle a réussi à calculer mentalement le produit de deux nombres à 13 chiffres en 28 secondes.

Alexis Lemaire

Alexis Lemaire, né en 1980, est un français doté de capacités remarquables en mathématiques. En 2002, Lemaire a calculé la 13e racine cubique d'un nombre de 200 chiffres en 70,2 secondes, établissant ainsi un record Guinness. Sa rapidité et sa précision exceptionnelles dans les calculs mentaux complexes ont suscité l'admiration du public et des experts.

Terence Tao

Terence Tao, né en 1975 en Australie, a démontré une aptitude exceptionnelle pour les mathématiques dès son jeune âge. Il a obtenu son doctorat à 21 ans de l'Université de Princeton et à l'âge de 24 ans, il est devenu professeur titulaire à l'Université de Californie à Los Angeles (UCLA), devenant un des plus jeunes professeurs titulaires de l'histoire de l'UCLA. À 31 ans, il a reçu la médaille Fields, la plus haute distinction en mathématiques, pour ses travaux exceptionnels en analyse harmonique, équations aux dérivées partielles, combinatoire, théorie des nombres et mathématiques additives.

William James Sidis

Né en 1898, William James Sidis était considéré comme l'un des individus les plus intelligents de l'histoire. À 11 ans, il a été admis à Harvard, devenant le plus jeune étudiant à y être inscrit. Polyglotte, il parlait plusieurs langues et a écrit sur des sujets variés. Cependant, malgré ses capacités exceptionnelles, Sidis a eu une relation difficile avec la société, préférant se retirer de l'attention médiatique. Son histoire souligne les défis que peuvent rencontrer les personnes dotées d'une intelligence exceptionnelle.

Christopher Hirata

Christopher Hirata est un physicien américano-japonais renommé, dont les capacités remarquables se manifestent dans le domaine des mathématiques et de la physique théorique. Né en 1982, il a obtenu son diplôme universitaire à l'âge de 18 ans et a obtenu son doctorat à 22 ans à l'Université de Princeton. Ses contributions exceptionnelles incluent des travaux sur la théorie des cordes et la cosmologie.

Srinivasa Ramanujan

Né en 1887 en Inde, Srinivasa Ramanujan a développé des théories mathématiques sans formation formelle. Ses résultats dans les domaines des séries infinies, des fractions continues et des nombres premiers ont stupéfié le monde mathématique. Malgré des conditions de vie difficiles, Ramanujan a produit des milliers de résultats mathématiques, dont beaucoup sont devenus des points de départ pour des recherches ultérieures. Ses contributions à la théorie des nombres et à l'analyse mathématique ont eu un impact durable, le conduisant à être élu membre de la Royal Society de Londres.

Daniel Tammet

Daniel Tammet est un écrivain et autiste savant britannique né en 1979. Il est surtout connu pour ses compétences exceptionnelles en mémorisation et en calcul mental. Diagnostiqué avec le syndrome d'Asperger et le syndrome du savant, Tammet a établi un record en mémorisant et récitant les chiffres du nombre Pi jusqu'à 22 514 décimales. Tammet est également un polyglotte, et a notamment appris l'islandais en une semaine pour participer à une émission de télévision.

Kim Peek

Né en 1951 aux États-Unis et atteint du syndrome du savant, Kim Peek était un mémorisateur prodigieux avec une mémoire eidétique, capable de retenir des détails extrêmement complexes. Sa capacité à lire deux pages simultanément (une avec chaque œil) et à mémoriser des milliers de livres a fasciné le monde. Kim Peek a inspiré le personnage de Raymond Babbitt dans le film « Rain Man » sorti en 1988.

Derek Paravicini

Derek Paravicini est un pianiste britannique né en 1979. Aveugle et atteint d'une déficience intellectuelle due à une prématurité extrême, Paravicini a développé un talent extraordinaire pour la musique dès son plus jeune âge. Capable de jouer pratiquement n'importe quelle pièce après une seule écoute, il maîtrise un vaste répertoire de styles musicaux. Son don est lié à une oreille absolue et à une mémoire musicale prodigieuse.

Phénomènes Intrigants

Cas de Phineas Gage

L'une des études de cas les plus célèbres et intrigantes de l'histoire de la neurologie est celle de Phineas Gage. En 1848, Gage a survécu à un accident au cours duquel une barre de fer a transpercé son crâne, endommageant sévèrement son lobe frontal. À la surprise des médecins, Gage a survécu, mais son comportement a radicalement changé. Autrefois pondéré et responsable, il est devenu impulsif et irresponsable. Ce cas a jeté les bases de la compréhension du rôle du lobe frontal dans la personnalité et le comportement.

Capacités Mnémoniques

Les cas de mémoire exceptionnelle suscitent des interrogations sur les limites de la capacité mnémonique humaine. Ces individus peuvent se souvenir de détails minutieux de leur vie quotidienne sur de très longues périodes, souvent sans effort conscient.

L'étude de ces cas a conduit à la découverte de différences neurologiques dans les structures cérébrales associées à la mémoire. Cependant, la façon dont ces différences expliquent la capacité de se souvenir de manière exceptionnelle demeure un domaine de recherche actif. Les implications de ces découvertes pour la compréhension générale de la mémoire et de la cognition sont vastes.

Le cas de Jill Price dans ce contexte est remarquable. Née en 1965, elle peut se rappeler de manière détaillée de presque tous les jours de sa vie depuis l'adolescence. Son esprit retient spontanément les événements passés, les conversations, et même les conditions météorologiques associées à chaque jour. Cette mémoire exceptionnelle, bien que fascinante, peut parfois être accablante, affectant sa capacité à se concentrer sur le présent.

Troubles de la Personnalité Multiple

Les troubles de la personnalité multiple, désormais appelés troubles dissociatifs de l'identité, présentent des cas où une personne semble abriter plusieurs personnalités distinctes, chacune avec ses propres souvenirs et traits caractéristiques.

Bien que controversés et parfois remis en question, ces cas mettent en évidence la complexité de la conscience et de l'identité. Les études d'imagerie cérébrale ont révélé des changements dans l'activation de certaines régions du cerveau en fonction de la personnalité manifestée.

Cependant, la compréhension de la manière dont ces différentes personnalités peuvent coexister au sein d'un même cerveau reste un défi majeur pour la recherche neuroscientifique et soulève des questions fondamentales sur la nature de la conscience et de l'identité personnelle.

Dans ce contexte, un exemple bien documenté est le cas de Sybil Dorsett. Dorsett était une artiste américaine qui a consulté la psychanalyste Cornelia B. Wilbur dans les années 1950 pour des problèmes d'anxiété. Au fil des séances, Wilbur a découvert que Dorsett présentait seize personnalités distinctes, chacune avec son propre nom, comportement, et mémoire. Les personnalités, y compris des enfants, des hommes et des femmes, étaient le résultat de graves abus physiques et sexuels subis pendant l'enfance.

Savants d'Acquis

Les savants d'acquis sont des individus qui, après un accident cérébral ou une maladie, développent soudainement des talents artistiques, mathématiques ou musicaux extraordinaires sans formation préalable.

Ces cas suscitent des questions sur les réservoirs latents de compétences dans le cerveau humain, qui peuvent être déclenchées par des circonstances particulières.

Comprendre les mécanismes de cette plasticité cérébrale pourrait conduire à des interventions thérapeutiques novatrices pour améliorer les performances cognitives ou favoriser la récupération après des lésions cérébrales.

Voici quelques exemples de savants d'acquis :

- Orlando Serrell : Après avoir été frappé à la tête par une balle de baseball à l'âge de 10 ans, Serrell a développé la capacité exceptionnelle de mémoriser les jours de la semaine, les dates et les conditions météorologiques de chaque jour depuis l'accident.

- Alonzo Clemons : Après avoir subi une lésion cérébrale à la suite d'un accident, Clemons a développé un talent extraordinaire pour sculpter des animaux en argile de manière réaliste, malgré un léger handicap intellectuel.

- Jason Padgett : Après une agression, Padgett, qui n'avait auparavant aucun intérêt pour les mathématiques, a développé une capacité exceptionnelle à visualiser des formules mathématiques complexes et à créer des œuvres artistiques basées sur ces concepts.
- Tony Cicoria : Après avoir survécu à une expérience de foudroiement, Cicoria a développé une passion pour la musique et est devenu un compositeur talentueux, malgré son manque d'intérêt préalable pour la musique.
- Derek Amato : Derek Amato est devenu un pianiste talentueux après une commotion cérébrale due à un plongeon dans une piscine. Développant un "savant musical", il a acquis une capacité exceptionnelle à jouer du piano sans formation préalable, illustrant la plasticité remarquable du cerveau humain face aux traumatismes.

Expériences Surprenantes

Synesthésie

La synesthésie est un phénomène fascinant où les stimuli sensoriels se croisent, provoquant une expérience simultanée de plusieurs sens. Par exemple, une personne synesthète peut percevoir des couleurs en écoutant de la musique ou attribuer involontairement des saveurs à des mots. Ce phénomène mystérieux, bien que longtemps considéré comme rare, est plus répandu que prévu, affectant environ 1 personne sur 200. Les chercheurs ont identifié des corrélats neurologiques de la synesthésie, suggérant que des connexions inhabituelles entre les régions du cerveau responsables de la perception sensorielle peuvent être à l'origine de ces expériences.

États Modifiés de Conscience

Les états modifiés de conscience font référence à des altérations temporaires dans la perception, la cognition et l'expérience subjective qui diffèrent de l'état de conscience ordinaire. Ces états peuvent être provoqués par divers facteurs tels que la méditation, la prise de substances psychoactives, le jeûne, la privation de sommeil, ou des conditions médicales spécifiques comme la schizophrénie. Les états modifiés de conscience peuvent varier en intensité et en nature, allant de changements subtils dans la perception comme des visions, à des expériences transcendantales profondément altérantes de la réalité.

Les chercheurs s'intéressent aux EMC pour comprendre la nature de la conscience et l'expérience subjective. En effet, ces états permettent d'explorer les limites de la perception humaine, les mécanismes sous-jacents à la conscience, et les façons dont le cerveau génère la réalité subjective. L'imagerie cérébrale a permis d'observer des changements neurologiques associés à ces états, mais la compréhension des mécanismes précis impliqués reste limitée. Certains chercheurs suggèrent que ces phénomènes pourraient découler de la désynchronisation des réseaux cérébraux normaux.

Rêves Lucides

Les rêves lucides, où une personne devient consciente qu'elle rêve et peut souvent exercer un certain contrôle sur le déroulement du rêve, sont un autre cas intrigant de phénomènes cérébraux inexplicables. Bien que les rêves lucides soient de plus en plus étudiés, leur compréhension reste incomplète. Des études d'imagerie cérébrale ont identifié des modèles d'activité cérébrale distincts pendant les rêves lucides, mais les mécanismes précis de cette conscience onirique demeurent mal compris. Certains chercheurs spéculent sur le rôle des régions cérébrales associées à la métacognition et à la prise de décision dans l'émergence de cette capacité fascinante.

Expériences de Mort Imminente

Les expériences de mort imminente surviennent généralement lors de situations de danger de mort, où des personnes rapportent des expériences de tunnels lumineux, de rencontres avec des proches décédés ou de rétrospectives de leur vie. Ces expériences, bien que souvent profondes et personnelles, échappent à une explication scientifique claire. Les neuroscientifiques explorent les mécanismes cérébraux qui pourraient contribuer à ces expériences, mais le mystère persiste.

Mémoire de Vies Antérieures

Certains enfants, souvent entre trois et cinq ans, rapportent des souvenirs détaillés de vies antérieures, avec des détails précis sur des lieux, des événements et des personnes. Bien que ces récits puissent souvent être expliqués par d'autres facteurs, ils suscitent des questions sur la nature de la mémoire et sur la possibilité d'influences transgénérationnelles sur la cognition et offrent un terrain fertile pour la recherche sur la mémoire et la perception du temps. Ces phénomènes pourraient également être explorés pour mieux comprendre les mécanismes cérébraux sous-jacents aux expériences mystiques et transcendantales.

Expériences de Sortie Hors du Corps

Les expériences de sortie hors du corps, où une personne semble flotter à l'extérieur de son propre corps, défient les explications rationnelles. Certains patients ayant survécu à des arrêts cardiaques rapportent des expériences de ce type, mais la nature exacte de ces phénomènes reste un mystère. Certains chercheurs suggèrent que ces expériences pourraient être liées à des altérations temporaires de la conscience.

❖ Défis et Limitations de la Recherche Cérébrale

La recherche cérébrale est confrontée à une série de défis et de limitations inhérents à la complexité du cerveau humain. Ces obstacles peuvent être d'ordre technologique, éthique ou conceptuel.

Complexité du Cerveau

Le cerveau humain se compose d'environ 85 milliards de neurones formant un réseau complexe interconnecté par des synapses. Parallèlement, on estime qu'environ 100 milliards de cellules gliales accompagnent ces neurones. Ces cellules jouent un rôle essentiel en offrant un soutien structurel et nutritionnel aux neurones, contribuant au maintien de l'équilibre chimique du cerveau. Elles participent aussi activement à la défense immunitaire cérébrale.

Avec 10 000 milliards de synapses dans 1 cm^3 de cerveau, ce réseau fonctionne comme une autoroute de l'information, propageant les signaux à une vitesse impressionnante de 120 m/s le long des fibres nerveuses les plus larges.

La tentative de cartographier ces connexions et comprendre les mécanismes sous-jacents aux processus cognitifs et émotionnels, est donc entravée par cette complexité du réseau neuronal. Les technologies actuelles ne permettent qu'une vision partielle et les modèles simplifiés, bien qu'utiles pour établir des bases, sont encore loin de refléter la réalité infiniment complexe de l'activité neuronale.

Limites de l'Imagerie Cérébrale

Les techniques telles que l'IRM, la TEP et l'EEG offrent des aperçus précieux de l'activité cérébrale, mais elles sont confrontées à des obstacles technologiques significatifs. La résolution spatiale et temporelle limitée de ces techniques entrave la capacité à observer les événements cérébraux à une échelle fine et en temps réel. De plus, certaines zones du cerveau demeurent difficiles à sonder en raison de leur inaccessibilité ou de leur sensibilité aux champs magnétiques, ce qui limite notre compréhension de fonctions spécifiques.

Limites de la Modélisation Informatique

Reproduire la complexité du cerveau humain dans un modèle informatique demeure un défi colossal. La simplification nécessaire pour rendre ces modèles gérables peut conduire à des représentations qui manquent de fidélité biologique. De plus, les modèles actuels peinent à rendre compte de la plasticité cérébrale, de l'apprentissage et de la mémoire de manière intégrée.

Individualité et Variabilité Cérébrale

La structure et la fonction cérébrales peuvent varier considérablement d'une personne à l'autre, rendant difficile l'élaboration de conclusions générales. Les facteurs génétiques, environnementaux et développementaux contribuent à cette variabilité, complexifiant la tâche de tirer des généralisations à partir des résultats de la recherche.

Limites de la Corrélation et de la Causalité

Observer une corrélation entre une activité cérébrale spécifique et un comportement ne garantit pas une relation causale directe. Les relations complexes entre différentes parties du cerveau et les multiples facteurs influençant le comportement humain compliquent la détermination des liens de causalité.

Enjeux Éthiques de la Recherche sur le Cerveau

Les avancées dans la recherche sur le cerveau humain soulèvent aussi des préoccupations éthiques profondes.

Ainsi, la capacité de manipuler l'activité cérébrale soulève des questions sur la vie privée mentale, l'autonomie individuelle et les risques potentiels. Les interfaces cerveau-machine, bien qu'offrant des perspectives de réhabilitation pour les personnes handicapées, soulèvent également des inquiétudes quant à la sécurité et à l'utilisation éthique de telles technologies.

L'utilisation de l'IA dans la recherche soulève également des questions éthiques, notamment en ce qui concerne la transparence des algorithmes, la responsabilité et l'utilisation éthique des données. La possibilité de prédire des états mentaux ou des comportements à partir de données cérébrales pose des défis éthiques liés à la vie privée et à la stigmatisation potentielle.

Un autre enjeu éthique crucial réside dans la possibilité d'améliorer les capacités cérébrales au-delà de la norme. La tentation de recourir à des interventions pour augmenter la mémoire, la créativité ou d'autres fonctions cognitives pose des questions fondamentales sur l'accès équitable à de telles technologies, et les risques sociaux associés à de telles améliorations.

La recherche cérébrale se trouve ainsi confrontée à la nécessité de développer des cadres éthiques solides pour guider l'application responsable de ces technologies émergentes.

2

Bien-Être Cérébral : Maximiser la Santé et Longévité du Cerveau

Rôle de l'Alimentation dans la Santé Cérébrale

Ce chapitre explore l'impact de nos choix alimentaires sur le fonctionnement cérébral, met en lumière les nutriments essentiels pour une cognition optimale, et examine les stratégies alimentaires favorables au bien-être mental.

❖ Impact de l'Alimentation sur le Cerveau

L'alimentation joue un rôle crucial dans la santé cérébrale, influençant la structure et la fonction du cerveau. Des choix nutritionnels équilibrés, riches en nutriments essentiels, peuvent favoriser la clarté mentale, la mémoire et contribuer à la prévention de certaines maladies neurologiques.

Alimentation et Santé Cérébrale

La nutrition peut avoir des répercussions significatives sur le cerveau, affectant non seulement son développement et son fonctionnement quotidien, mais aussi sa santé à long terme.

Pour comprendre pleinement l'impact de l'alimentation sur le cerveau, il est essentiel d'examiner de près les composants nutritionnels spécifiques qui jouent un rôle clé. Les acides gras oméga-3, par exemple, sont cruciaux pour la structure des membranes cellulaires du cerveau et sont associés à des fonctions cognitives améliorées. Les vitamines B, sont également essentielles pour la santé cérébrale. Ainsi, la vitamine B12 est impliquée dans la synthèse de l'ADN et la formation des cellules nerveuses, tandis que la vitamine B9 est cruciale pour le développement du système nerveux. Un autre élément important est la vitamine E, un puissant antioxydant qui peut aider à protéger les cellules cérébrales contre les dommages oxydatifs. De plus, des minéraux tels que le fer et le zinc sont nécessaires pour le fonctionnement optimal du cerveau, participant à des processus tels que le transport de l'oxygène et la transmission des signaux nerveux.

Outre ces composants spécifiques, la composition globale de l'alimentation joue un rôle majeur. Les régimes riches en fruits, légumes, céréales complètes et sources de protéines maigres fournissent une variété de nutriments bénéfiques pour le cerveau. Ces aliments sont riches en antioxydants, qui aident à lutter contre l'inflammation, qui est préjudiciable à la santé cérébrale.

Effets à Court et à Long Terme de la Nutrition sur le Cerveau

L'impact de l'alimentation sur le cerveau peut varier d'une personne à l'autre en raison de facteurs tels que le patrimoine génétique, le niveau d'activité physique et d'autres habitudes de vie. Cependant, des principes généraux de nutrition équilibrée peuvent bénéficier à la plupart des individus.

Effets à Court Terme

Une alimentation équilibrée peut avoir des effets immédiats sur la performance cognitive. La consommation de repas riches en glucides complexes, protéines et fibres favorise une libération d'énergie constante, soutenant la concentration et la clarté mentale tout au long de la journée. Au contraire, des niveaux élevés de sucre dans le sang, souvent associés à une alimentation riche en sucres ajoutés, peuvent entraîner des fluctuations de l'énergie et de l'humeur.

Effets à Long Terme

À long terme, des choix alimentaires sains contribuent à la préservation de la fonction cérébrale. Des régimes déséquilibrés, riches en gras saturés, en sucres ajoutés et en sel peuvent affecter la circulation sanguine vers le cerveau et contribuer à des problèmes tels que les accidents vasculaires cérébraux et la démence. Des régimes riches en antioxydants et en nutriments spécifiques sont associés à un risque réduit de maladies neurodégénératives et à un vieillissement cognitif plus sain.

Impact sur les Fonctions Cérébrales

Mémoire

La nutrition influe directement sur la mémoire. Des études montrent que certains nutriments, tels que les acides gras oméga-3, les antioxydants et les vitamines du groupe B, favorisent la consolidation de la mémoire et la prévention du déclin cognitif lié à l'âge.

Concentration et Clarté Mentale

La capacité à se concentrer et à maintenir une clarté mentale dépend également de la nutrition. Les aliments riches en nutriments, notamment en glucose issu de sources complexes comme les céréales complètes, fournissent une énergie stable nécessaire au fonctionnement optimal du cerveau.

Plasticité Cérébrale

La plasticité cérébrale, la capacité du cerveau à changer et à s'adapter, est influencée par l'alimentation. Des études suggèrent que certains régimes, tels que le régime méditerranéen riche en fruits, légumes, et acides gras oméga-3, favorisent la plasticité cérébrale, ce qui est crucial pour l'apprentissage et la mémoire.

Neurogenèse

La neurogenèse, le processus de formation de nouveaux neurones, se produit principalement dans l'hippocampe, une région du cerveau associée à la mémoire et à l'apprentissage. Des études préliminaires suggèrent que certains nutriments, tels que les polyphénols présents dans les fruits rouges et le thé, pourraient favoriser la neurogenèse.

Concept de « Cerveau Affamé »

Le terme « cerveau affamé » est utilisé de manière métaphorique pour décrire une carence nutritionnelle qui peut affecter négativement la performance cognitive. Lorsque le cerveau ne reçoit pas les nutriments nécessaires, ses fonctions peuvent être compromises, entraînant une baisse de l'attention, de la mémoire et d'autres capacités cognitives.

Les habitudes alimentaires modernes, souvent caractérisées par une surconsommation de produits transformés riches en sucres ajoutés et en gras saturés, peuvent contribuer à la privation de nutriments essentiels. Ce régime appauvri peut potentiellement contribuer à des problèmes de santé mentale et à une performance cognitive réduite.

Pour éviter le concept de « cerveau affamé », il est essentiel de promouvoir des habitudes alimentaires saines qui fournissent une variété de nutriments nécessaires au cerveau. Cela inclut la consommation de fruits, légumes, poissons gras, noix, et autres aliments riches en éléments nutritifs.

Importance de l'Hydratation

L'hydratation joue un rôle essentiel dans le fonctionnement optimal du cerveau, influençant divers aspects de la fonction cérébrale.

Une hydratation adéquate maintient le volume sanguin, assurant ainsi un apport suffisant d'oxygène et de nutriments au cerveau. De plus, l'eau facilite le transport des neurotransmetteurs, essentiels pour la transmission des signaux nerveux.

La déshydratation peut entraîner une diminution de la concentration, de la mémoire à court terme et de la vigilance. Des études ont montré que même une déshydratation légère peut influencer négativement les performances cognitives, affectant la capacité de prise de décision et la résolution de problèmes.

En outre, l'hydratation maintient la régulation de la température corporelle, évitant ainsi la surchauffe du cerveau. Une déshydratation prolongée peut conduire à des maux de tête, des étourdissements et, dans des cas extrêmes, à des complications plus graves.

❖ Nutrition et Troubles de la Santé Cérébrale

La nutrition joue un rôle crucial dans la prévention des troubles neurologiques et des maladies cérébrovasculaires. Des choix alimentaires équilibrés, riches en acides gras oméga-3, vitamines B, antioxydants, et bas en sel, peuvent favoriser la santé cérébrale.

Troubles neurologiques

Maladie d'Alzheimer

La maladie d'Alzheimer, la forme la plus courante de démence, est étroitement liée à des facteurs liés au mode de vie, y compris l'alimentation. Une alimentation riche en antioxydants, en acides gras oméga-3 et en vitamines B, combinée à une gestion du poids et à la régulation de la glycémie, peut contribuer à la prévention de cette maladie neurodégénérative.

Maladie de Parkinson

Bien que la maladie de Parkinson soit largement liée à des facteurs génétiques, des études suggèrent que des habitudes alimentaires spécifiques, telles que la consommation d'antioxydants provenant de fruits et légumes, pourraient offrir un certain soutien dans la gestion des symptômes et le ralentissement de la progression de la maladie. De plus, certains aliments, comme les aliments riches en oméga-3 et en polyphénols, ont des propriétés anti-inflammatoires et l'inflammation chronique est un facteur commun à de nombreuses maladies neurologiques, y compris la maladie de Parkinson.

Sclérose en Plaques

La sclérose en plaques est une maladie auto-immune du système nerveux central. Des études indiquent que des régimes riches en nutriments spécifiques, tels que la vitamine D et les acides gras oméga-3, pourraient avoir des effets bénéfiques sur la prévention de la cette maladie et la modulation de son évolution.

Fonction Cognitive et Dépression

Certains nutriments, tels que les acides gras oméga-3, la vitamine B12 et le zinc, jouent un rôle crucial dans le fonctionnement optimal du cerveau et des carences en ces nutriments ont été associées à des troubles de la mémoire, à des problèmes de concentration et à des troubles de l'humeur, y compris la dépression.

Maladies Cérébrovasculaires

Hypertension Artérielle et Sel

L'hypertension artérielle est l'un des principaux facteurs de risque des maladies cérébrovasculaires. La réduction de la consommation de sel, associée à une alimentation équilibrée comprenant des fruits, des légumes et des produits laitiers faibles en matière grasse, peut contribuer à maintenir une pression artérielle normale, réduisant ainsi le risque d'AVC.

Rôle des Graisses dans les Maladies Cérébrovasculaires

Les types de graisses consommées dans l'alimentation jouent un rôle crucial dans la santé vasculaire. Les graisses saturées, présentes dans les aliments d'origine animale et les produits transformés, peuvent contribuer à l'accumulation de plaques dans les artères, augmentant le risque d'AVC. En revanche, les acides gras oméga-3, présents dans les poissons gras et les noix, ont des effets anti-inflammatoires et peuvent aider à maintenir la flexibilité des vaisseaux sanguins.

Diabète et Gestion de la Glycémie

Le diabète est un autre facteur de risque majeur pour les maladies cérébrovasculaires. Une alimentation riche en fibres, à partir de grains entiers, de légumes et de fruits, peut aider à réguler la glycémie. Le contrôle du poids et la prévention du diabète de type 2 par le biais d'une alimentation équilibrée sont des stratégies clés pour réduire le risque de complications vasculaires.

Antioxydants et Protection des Vaisseaux Sanguins

Les antioxydants présents dans les fruits et légumes jouent un rôle crucial dans la prévention de l'oxydation des lipides, un processus associé à l'athérosclérose. Les composés antioxydants tels que les vitamines C et E, ainsi que les polyphénols, peuvent contribuer à maintenir l'intégrité des vaisseaux sanguins, réduisant ainsi le risque de maladies cérébrovasculaires.

Fibres et Réduction du Risque d'AVC

Les régimes riches en fibres ont été associés à une réduction du risque d'AVC. Les fibres alimentaires, présentes dans les fruits, les légumes, les grains entiers et les légumineuses, peuvent aider à contrôler le poids, à réguler la pression artérielle, et à maintenir des niveaux de cholestérol sains, tous des éléments cruciaux pour la santé vasculaire.

Rôle des Vitamines B

Les vitamines B, en particulier la vitamine B6, la vitamine B9 (acide folique) et la vitamine B12, sont impliquées dans la régulation des niveaux d'homocystéine, un acide aminé lié à l'athérosclérose. Une alimentation riche en aliments tels que les céréales complètes, les légumes verts et les fruits à coque peut contribuer à maintenir des niveaux adéquats de ces vitamines et à réduire le risque de maladies vasculaires cérébrales.

❖ Nutriments Essentiels

Le cerveau est un organe gourmand en énergie, représentant environ 20% de la dépense énergétique totale de l'organisme. Pour maintenir son fonctionnement optimal, il dépend de divers nutriments essentiels.

Acides Gras Oméga-3 : Fondamentaux pour la Santé Cérébrale

Les acides gras oméga-3, en particulier l'acide docosahexaénoïque (DHA) et l'acide eicosapentaénoïque (EPA), sont des constituants essentiels des membranes cellulaires du cerveau. Ils jouent un rôle crucial dans la transmission des signaux nerveux, la plasticité synaptique et la réduction de l'inflammation cérébrale. On les trouve dans les poissons gras tels que le saumon, le maquereau et les sardines. Les noix, les graines de lin et l'huile de lin sont également des options pour les personnes suivant un régime végétarien ou végétalien.

Antioxydants : Protection contre le Stress Oxydatif

Les antioxydants sont essentiels pour protéger le cerveau contre le stress oxydatif, un processus impliqué dans le vieillissement cérébral et divers troubles neurologiques. Ils neutralisent les radicaux libres, réduisant ainsi le risque de dommages cellulaires. On les trouve dans les fruits et légumes colorés, tels que les baies, les cerises, les épinards et les brocolis. Le thé vert, les noix et les légumineuses contribuent également à fournir une variété d'antioxydants bénéfiques.

Vitamines : Soutien aux Processus Cognitifs

Vitamines B pour la Fonction Cérébrale

Les vitamines B, en particulier la B6, la B9 (acide folique) et la B12, sont essentielles pour la fonction cognitive. Elles sont impliquées dans la production de neurotransmetteurs tels que la dopamine et la sérotonine, ainsi que dans la régulation de l'homocystéine, liée à la santé vasculaire. Les sources de B6 incluent les bananes et les noix. On trouve la vitamine B9, dans les légumes verts ou les légumineuses. La B12 est présente dans les produits animaux tels que la viande, le poisson, les œufs, et dans certains aliments enrichis.

Vitamine D pour la Neuroprotection

La vitamine D joue un rôle dans la neuroprotection et la modulation des processus inflammatoires. Une carence en vitamine D a été associée à un risque accru de troubles neurologiques, soulignant son importance pour la santé cérébrale. Les principales sources alimentaires de vitamine D incluent les poissons gras (saumon, thon), l'huile de foie de morue, les produits laitiers fortifiés, les œufs, certains champignons et les jus d'orange enrichis. Cependant, l'exposition au soleil reste la principale source naturelle de vitamine D.

Minéraux : Essentiels pour la Transmission Nerveuse

Le zinc et le fer sont essentiels à la transmission nerveuse. Ils participent à la synthèse des neurotransmetteurs et à la régulation des réponses neuronales, ce qui influence la cognition et la mémoire. Les fruits de mer, la viande rouge maigre, les graines de citrouille et les légumineuses sont de bonnes sources de zinc. Les épinards, les lentilles et la viande maigre contribuent à l'apport en fer.

❖ Régimes Spécifiques pour la Cognition

Certaines études suggèrent que des régimes tels que le régime méditerranéen, qui mettent l'accent sur les graisses saines, les fruits, les légumes et les poissons, peuvent contribuer à réduire le risque de maladies neurodégénératives, y compris la maladie d'Alzheimer.

Régime Méditerranéen : Une Approche Holistique pour la Santé Cérébrale

Le régime méditerranéen est caractérisé par une abondance de fruits, légumes, grains entiers, poissons, noix et huile d'olive. Il se distingue par une faible consommation de viande rouge et de produits laitiers. Les composants clés de ce régime sont riches en acides gras oméga-3, en antioxydants, et en vitamines.

Des études ont montré que le régime méditerranéen est associé à une réduction du déclin cognitif lié à l'âge et à un risque réduit de développer la maladie d'Alzheimer. Les propriétés anti-inflammatoires de ce régime, ainsi que son influence sur la santé vasculaire, contribuent à ses bienfaits pour la cognition.

Régime MIND : Un Focus sur les Aliments Bénéfiques pour le Cerveau

Le régime MIND (Mediterranean-DASH Intervention for Neurodegenerative Delay) combine les principes du régime méditerranéen et du régime DASH (Dietary Approaches to Stop Hypertension). Il met l'accent sur les aliments spécifiquement bénéfiques pour le cerveau, tels que les baies, les noix et les feuilles vertes.

Des études suggèrent que le régime MIND peut réduire le risque de maladies neurodégénératives, y compris la maladie d'Alzheimer. Les antioxydants présents dans les baies, en particulier, sont associés à une meilleure fonction cognitive.

Prévention des Maladies Neurologiques

Les régimes alimentaires riches en nutriments essentiels, tels que le régime méditerranéen et le régime MIND, sont associés à une réduction du risque de maladies neurodégénératives car ils fournissent une variété de nutriments bénéfiques pour la santé cérébrale, agissant sur la prévention du déclin cognitif.

Ainsi, adopter ces régimes de manière précoce dans la vie peut renforcer les défenses du cerveau et contribuer à une meilleure santé cognitive à long terme. La prévention précoce à travers une alimentation équilibrée est un aspect clé de la gestion globale de la santé cérébrale.

❖ Alimentation, Microbiote Intestinal et Cerveau

Le lien entre le microbiote intestinal et le cerveau attire de plus en plus l'attention. Certains aliments, tels que les probiotiques présents dans les yaourts et les aliments fermentés, peuvent favoriser un microbiote intestinal sain, avec des implications potentielles pour la santé mentale.

Microbiote Intestinal

Le microbiote intestinal, également appelé flore intestinale ou microbiome, fait référence à la communauté complexe de milliards de micro-organismes qui résident réside principalement dans le tube digestif, en particulier dans le côlon, qui est la dernière partie de l'intestin. Cependant, des micro-organismes peuvent également être présents dans d'autres parties du tractus gastro-intestinal, y compris l'intestin grêle. Ces micro-organismes comprennent des bactéries, des virus, des champignons et d'autres formes de vie microscopiques. Le microbiote intestinal joue un rôle essentiel dans divers aspects de la santé humaine.

Voici quelques points concernant le microbiote intestinal :

1. Diversité microbienne : Le microbiote est composé d'une grande diversité de micro-organismes qui appartiennent à différentes souches et espèces, et leur composition peut varier d'une personne à l'autre.

2. Fonctions métaboliques : Les micro-organismes du microbiote participent à des processus métaboliques importants tels que la digestion des fibres alimentaires non digestibles, la production de vitamines (comme la vitamine K et certaines vitamines du groupe B), et le métabolisme des composés biliaires.

3. Rôle dans le système immunitaire : Le microbiote intestinal joue un rôle crucial dans le développement et la modulation du système immunitaire. Il contribue à l'éducation du système immunitaire, aidant à distinguer entre les agents pathogènes et les composants normaux du corps. Il produit également des substances antibactériennes qui peuvent inhiber la croissance des bactéries nocives.
4. Communication avec le système nerveux : Le microbiote peut communiquer avec le système nerveux central (SNC) par le biais de divers mécanismes, notamment le nerf vague et la production de neurotransmetteurs.
5. Évolution au fil du temps : Le microbiote subit des changements tout au long de la vie d'une personne, influencé par des facteurs tels que l'alimentation, les antibiotiques, l'environnement et d'autres facteurs liés au mode de vie.

Rôle du Microbiote dans la Cognition

Communication Intestin-Cerveau

La communication entre l'intestin et le cerveau, souvent appelée l'axe intestin-cerveau, joue un rôle crucial dans divers aspects de la santé. Elle influe notamment sur l'humeur, le comportement et la cognition et des déséquilibres dans cet axe peuvent être liés à des troubles neurologiques et psychiatriques.

Cet axe implique une communication bidirectionnelle entre le système nerveux entérique (SNE), souvent appelé « deuxième cerveau », qui est un réseau de neurones présent dans l'intestin, et le SNC, principalement le cerveau, établissant ainsi une connexion directe entre l'intestin et le cerveau.

Rôle du Microbiote

Le microbiote peut interagir avec le SNE via des axes neuroendocriniens et ces interactions peuvent influencer la signalisation entre l'intestin et le cerveau.

Voici quelques éléments clés concernant le rôle du microbiote et de la communication intestin-cerveau dans la cognition :

1. Des conditions inflammatoires dans l'intestin peuvent déclencher des réponses inflammatoires dans le cerveau, ce qui peut avoir un impact sur la cognition et provoquer des troubles neurologiques.

2. L'intestin et le cerveau partagent une sensibilité au stress, et le stress peut influencer la fonction intestinale. Cette interaction peut contribuer à des troubles tels que le syndrome du côlon irritable, qui est souvent associé à des symptômes cognitifs.

3. Les micro-organismes du microbiote peuvent métaboliser certains composés alimentaires pour produire des métabolites bioactifs, tels que des acides gras à chaîne courte (AGCC). Ces métabolites peuvent impacter la fonction cérébrale et la cognition.

4. Certains types de bactéries présents dans le microbiote sont capables de synthétiser des neurotransmetteurs, notamment la sérotonine, la dopamine et le GABA. Ces neurotransmetteurs peuvent influencer le fonctionnement du système nerveux central.

5. Le microbiote joue un rôle dans le maintien de l'intégrité de la barrière intestinale. Une barrière intestinale altérée

peut permettre le passage de substances indésirables dans le sang, déclenchant une réponse immunitaire et inflammatoire qui peut affecter le cerveau.

Diversité du Microbiote pour la Santé du Cerveau

Une alimentation équilibrée, riche en fibres, en fruits et légumes, favorise la diversité du microbiote intestinal. Cette diversité est cruciale pour maintenir un équilibre sain et influencer positivement la santé cérébrale.

Probiotiques : Des Alliés pour le Cerveau

Les probiotiques, présents dans des aliments tels que le yaourt et les kimchis, sont des micro-organismes bénéfiques qui renforcent la flore intestinale. Des études suggèrent que les probiotiques peuvent avoir des effets positifs sur la réduction de l'inflammation et l'amélioration de la santé mentale.

Prébiotiques : Nourrir les Bactéries Bénéfiques

Les prébiotiques sont des fibres alimentaires non digestibles qui nourrissent les bactéries bénéfiques du microbiote. Les aliments riches en prébiotiques, tels que l'ail, les oignons et les bananes, favorisent la croissance des bactéries probiotiques, soutenant ainsi la santé cérébrale.

❖ Biotechnologie pour Améliorer la Nutrition

La biotechnologie a ouvert de nouvelles perspectives passionnantes dans le domaine de la nutrition, en particulier en ce qui concerne la création d'aliments fonctionnels et de nutraceutiques destinés à favoriser la santé cérébrale et la personnalisation de l'alimentation grâce à la génomique.

Avancées en Biotechnologie pour la Nutrition Cérébrale

Aliments Fonctionnels

Une application de la biotechnologie dans le domaine de la nutrition pour la santé cérébrale réside dans la manipulation génétique des aliments. Par exemple, certains aliments comme le lait ou les œufs sont enrichis artificiellement en acides gras oméga-3, qui sont cruciaux pour la cognition et la prévention des maladies neurodégénératives.

Un autre domaine d'exploration intéressant est celui de la manipulation génétique de souches probiotiques pour stimuler la production de composés neuroprotecteurs et améliorer ainsi la communication entre l'intestin et le cerveau.

Par ailleurs, la manipulation génétique facilite la création d'aliments fonctionnels riches en antioxydants et en composés phytochimiques bénéfiques pour le cerveau. Ces substances contribuent à protéger les cellules nerveuses contre le stress oxydatif, un facteur associé au vieillissement cérébral et au développement de maladies neurodégénératives.

Compléments Alimentaires

Les compléments alimentaires destinés à favoriser la santé cérébrale sont souvent enrichis en nutriments spécifiques tels que les acides gras oméga-3, les antioxydants, les vitamines et les minéraux qui jouent un rôle crucial dans le fonctionnement optimal du cerveau.

Ainsi, grâce à la biotechnologie, des micro-organismes tels que les levures peuvent être génétiquement modifiés pour synthétiser des acides gras oméga-3 de manière efficace. Cela offre une alternative végétalienne et durable aux sources traditionnelles, comme les poissons gras, tout en garantissant des niveaux optimaux de ces nutriments bénéfiques pour le cerveau.

La biotechnologie permet aussi de développer des compléments alimentaires sur mesure en tenant compte des variations génétiques individuelles qui influent sur la manière dont le corps métabolise certains nutriments. Cela permet une approche plus précise et les individus peuvent ainsi bénéficier de produits adaptés à leurs besoins spécifiques en fonction de leur profil génétique.

Livraison Ciblée de Nutriments

La barrière hémato-encéphalique, une barrière physiologique complexe qui protège le cerveau des substances potentiellement nuisibles, a longtemps posé un défi majeur dans la conception de stratégies efficaces de livraison de nutriments directement au cerveau. C'est ici que la biotechnologie entre en jeu, offrant des solutions novatrices pour contourner cette barrière et permettre une livraison ciblée.

Dans ce contexte, les nanoparticules sont l'un des vecteurs les plus étudiés pour la livraison ciblée de nutriments directement au cerveau. Ces particules de taille nanométrique peuvent être conçues pour encapsuler des nutriments spécifiques tout en étant suffisamment petites pour traverser la barrière hémato-encéphalique. Elles sont fabriquées à partir de divers matériaux, tels que des polymères, des lipides, ou même des métaux. Elles peuvent aussi être fonctionnalisées avec des revêtements spécifiques, permettant de cibler des récepteurs particuliers sur les cellules cérébrales. Ainsi, elles facilitent la libération des nutriments précisément là où ils sont nécessaires.

Par ailleurs, des microorganismes tels que des bactéries ou des virus peuvent aussi être modifiés génétiquement et transformés en vecteurs spécifiques de livraison de nutriments afin de cibler des régions spécifiques du tractus gastro-intestinal, permettant ainsi une absorption plus efficace des nutriments avant d'atteindre le cerveau. Cette approche offre un potentiel considérable pour une livraison plus précise des nutriments, améliorant ainsi l'efficacité des interventions nutritionnelles tout en ouvrant de nouvelles perspectives pour la prévention des maladies neurologiques.

Régimes Personnalisés

Les régimes personnalisés tirent parti des avancées de la biotechnologie pour comprendre les besoins nutritionnels spécifiques de chaque individu.

L'une des avancées clés dans ce contexte réside dans l'analyse du génome individuel. Ainsi, la génomique nutritionnelle utilise les informations génétiques pour identifier des facteurs spécifiques liés à la santé cérébrale, tels que la réponse à des nutriments tels que les acides gras oméga-3, les antioxydants ou les vitamines du groupe B. Ces informations sont ensuite utilisées pour concevoir des régimes alimentaires personnalisés qui répondent aux besoins nutritionnels spécifiques de chaque individu.

Par ailleurs, l'analyse précise de la composition du microbiote, rendue possible grâce au séquençage génomique, permet de quantifier les différentes espèces bactériennes présentes dans l'intestin de manière spécifique à chaque individu. Ainsi, les professionnels de la santé peuvent obtenir des informations précieuses sur la santé digestive, l'immunité, voire le métabolisme. Cela ouvre la voie à des interventions plus ciblées, telles que des régimes alimentaires spécifiques, des probiotiques personnalisés ou d'autres thérapies visant à restaurer et à maintenir l'équilibre optimal du microbiote de manière individuelle.

❖ Perspectives Futures

Les perspectives futures de l'alimentation dans le contexte de la santé cérébrale s'orientent vers l'identification de nutriments favorables à la neurogenèse et à la prévention des maladies neurodégénératives. Les approches médicales intégratives mettent en avant l'importance de la nutrition pour la santé physique et mentale, avec des prescriptions alimentaires personnalisées devenant essentielles.

Recherches en Cours sur l'Alimentation et la Santé Cérébrale

Les scientifiques intensifient leurs recherches pour comprendre les interactions complexes entre les composants spécifiques des aliments et les processus cérébraux. Des études se concentrent sur l'identification des aliments qui favorisent la neurogenèse, la plasticité synaptique et la prévention des maladies neurodégénératives. Les progrès technologiques, tels que l'imagerie cérébrale avancée et les outils d'analyse moléculaire, facilitent une compréhension plus approfondie des effets de l'alimentation sur la structure et la fonction cérébrale. Ces méthodes permettent une évaluation plus précise des réponses individuelles aux régimes alimentaires spécifiques.

Approches Médicales Intégratives

L'alimentation est devenue un pilier des approches médicales intégratives. Les professionnels de la santé reconnaissent l'importance de la nutrition non seulement pour la santé physique, mais aussi pour la santé mentale. Ainsi, les prescriptions alimentaires personnalisées deviennent une composante essentielle des plans de traitement. L'émergence de programmes de soins intégratifs implique souvent une collaboration entre nutritionnistes, neuroscientifiques, psychologues et autres professionnels de la santé.

Implications à Long Terme de la Nutrition Personnalisée

La nutrition personnalisée peut jouer un rôle crucial dans la prévention des troubles neurologiques. En adaptant l'alimentation en fonction des prédispositions génétiques et des biomarqueurs individuels, il est possible de réduire les risques de maladies comme Alzheimer et Parkinson.

Au-delà de la prévention des maladies, la nutrition personnalisée offre aussi des perspectives pour l'amélioration des performances cognitives. Des régimes alimentaires spécifiques peuvent être conçus pour optimiser la concentration, la mémoire et d'autres aspects de la fonction cérébrale, contribuant ainsi à une meilleure santé mentale globale.

La Biotechnologie pour la Longévité du Cerveau

Ce chapitre explore les développements actuels et futurs de la biotechnologie visant à prolonger la longévité du cerveau, mettant en lumière les avancées techniques, les considérations éthiques et les perspectives sur la manière dont cela pourrait remodeler notre compréhension de la vie cérébrale.

❖ Biotechnologie pour la Longévité Cérébrale

Au cours du XXe siècle, la biotechnologie a pris un rôle central dans la recherche sur la longévité cérébrale.

Fondements Historiques

Le milieu du XXe siècle a été témoin de découvertes majeures qui ont façonné la biotechnologie. Parmi ces avancées, la découverte de l'ADN et la révolution de la biologie moléculaire ont ouvert des portes inexplorées. La compréhension de la génétique a permis aux scientifiques d'explorer les fondements moléculaires du vieillissement.

Dans les années 1980 et 1990, les progrès technologiques tels que le séquençage complet du génome humain ont aussi révolutionné la recherche. Ces outils ont fourni une cartographie détaillée des gènes liés au vieillissement et à la longévité, permettant aux scientifiques de cibler spécifiquement les processus biologiques impliqués dans la détérioration du cerveau liée à l'âge.

Les découvertes ont également mis en évidence le rôle crucial des télomères, les extrémités protectrices des chromosomes, dans le vieillissement cellulaire. Des technologies de pointe ont émergé pour manipuler ces structures, ouvrant ainsi de nouvelles voies pour retarder le processus de vieillissement cérébral.

Avancées Technologiques et Intégration des Neurosciences

La dernière décennie a été caractérisée par une intégration croissante des neurosciences, de la génomique et de la biotechnologie. Les techniques d'imagerie cérébrale avancées, telles que l'IRMf, permettent aux chercheurs de suivre les changements cérébraux liés à la longévité en temps réel. De plus, les approches basées sur l'intelligence artificielle sont utilisées pour analyser d'énormes ensembles de données et identifier des corrélations complexes.

Ces avancées technologiques ont également conduit à des essais cliniques novateurs, explorant des interventions précoces pour ralentir le vieillissement cérébral. Les médicaments et les thérapies géniques spécifiquement conçus pour cibler les mécanismes du vieillissement sont en développement, ouvrant des perspectives prometteuses pour l'avenir.

❖ Préservation et de Régénération Cérébrale

Les techniques de préservation et de régénération cérébrale représentent un domaine fascinant de la recherche médicale, visant à développer des approches novatrices pour protéger et réparer le tissu cérébral. Ces méthodes prometteuses ouvrent la voie à des avancées significatives dans le traitement des maladies neurologiques et des lésions cérébrales.

Préservation Neuronale

La préservation neuronale vise à maintenir la santé et la fonction des cellules cérébrales, protégeant ainsi le tissu cérébral contre le stress, les dommages et le vieillissement prématuré. Plusieurs méthodes ont été développées pour atteindre cet objectif.

Thérapies Antioxydantes

Les radicaux libres, produits naturels du métabolisme, peuvent endommager les cellules cérébrales. Les thérapies antioxydantes, telles que l'administration de vitamines C et E, cherchent à neutraliser ces radicaux libres, réduisant ainsi le stress oxydatif et préservant la santé neuronale. Des études ont montré que ces thérapies peuvent contribuer à la prévention des maladies neurodégénératives liées au vieillissement.

Techniques de Cryoconservation

La cryoconservation implique la préservation des tissus cérébraux à des températures extrêmement basses. Cette technique est souvent utilisée dans le domaine de la recherche médicale et de la neurobiologie pour stocker des échantillons de cerveau, mais elle explore également des applications potentielles dans la préservation des organes pour la transplantation. Cependant, les défis liés à la cryoconservation du cerveau humain entier pour des applications médicales sont complexes, notamment en raison des dommages cellulaires potentiels lors du processus de décongélation.

Modulation Métabolique

La modulation métabolique vise à influencer les processus métaboliques au niveau cellulaire pour optimiser la santé neuronale. Cela peut inclure des changements dans l'alimentation, l'exercice physique et d'autres stratégies visant à améliorer la gestion énergétique des cellules cérébrales. Des études ont suggéré que des régimes spécifiques, tels que le régime méditerranéen, peuvent avoir des effets bénéfiques sur la préservation neuronale.

Régénération Cellulaire

La régénération cellulaire, contrairement à la préservation, vise à réparer et restaurer les cellules cérébrales endommagées ou perdues. Cette approche novatrice offre un potentiel considérable pour traiter les maladies neurodégénératives et les lésions cérébrales.

Thérapies Géniques

Les thérapies géniques cherchent à introduire des gènes spécifiques dans le cerveau pour stimuler la croissance et la régénération des cellules. Des études ont exploré l'utilisation de vecteurs viraux pour livrer des gènes promotrices de la croissance cellulaire dans des zones spécifiques du cerveau. Cependant, des préoccupations subsistent quant à la sécurité et à l'efficacité de cette approche.

Neurostimulation

La neurostimulation implique l'utilisation de stimuli électriques ou magnétiques pour influencer l'activité neuronale et promouvoir la régénération. Des techniques telles que la stimulation transcrânienne à courant continu (tDCS) et la stimulation magnétique transcrânienne (TMS) sont étudiées pour leur capacité à moduler la plasticité cérébrale et à favoriser la régénération cellulaire.

Facteurs de Croissance

Les facteurs de croissance sont des protéines qui jouent un rôle crucial dans le développement, la différenciation, et la survie des cellules. En administrant des facteurs de croissance, tels que le facteur neurotrophique dérivé du cerveau (BDNF), on cherche à favoriser ces processus dans le cerveau, ce qui pourrait avoir des implications bénéfiques pour la santé neuronale, notamment dans le contexte de la régénération et la protection du tissu cérébral.

Thérapies Cellulaires

Les thérapies cellulaires, notamment la transplantation de cellules souches, visent à exploiter la capacité intrinsèque des cellules régénératives pour remplacer celles qui sont perdues ou endommagées dans le cerveau. Dans ce contexte, les cellules souches, qui sont des cellules indifférenciées et polyvalentes, sont implantées dans le cerveau avec l'espoir qu'elles se différencieront en cellules spécifiques nécessaires à la régénération ou à la réparation des tissus cérébraux. Cette approche explore le potentiel de régénération naturel des cellules pour traiter des conditions neurologiques ou des lésions cérébrales.

Défis Associés à la Préservation et à la Régénération Cérébrale

La préservation et la régénération cérébrale présentent des défis uniques, notamment la coordination de processus biologiques complexes et la minimisation des risques potentiels :

- *Coordination Temporelle et Spatiale :* Harmoniser les processus de préservation et de régénération de manière à respecter les besoins temporels et spatiaux du cerveau est un défi majeur. La synchronisation précise des interventions est cruciale pour optimiser les résultats et minimiser les risques potentiels.

- *Risques Potentiels de la Régénération Cellulaire :* Bien que la régénération cellulaire offre un potentiel considérable, des préoccupations subsistent quant aux risques potentiels, tels que la formation de tumeurs ou la dérégulation de la croissance cellulaire. Des protocoles stricts et des évaluations approfondies de la sécurité sont nécessaires pour garantir que les approches de régénération cellulaire ne présentent pas de conséquences indésirables.

- *Complexité des Interactions Cellulaires :* La compréhension de la complexité des interactions cellulaires dans le cerveau est un défi constant. Les mécanismes de signalisation et les réponses cellulaires peuvent varier considérablement en fonction des conditions spécifiques, rendant essentielle une approche personnalisée pour maximiser l'efficacité.

❖ Facteurs Génétiques et Longévité Cérébrale

La compréhension des facteurs génétiques de la longévité cérébrale consiste à identifier les gènes exacts qui jouent un rôle crucial dans le maintien de la santé neuronale tout au long de la vie.

Identification des Gènes Liés à la Longévité Cérébrale

Études d'Associations Génétiques

Les études d'associations génétiques analysent l'ADN de populations entières pour identifier les variations génétiques associées à une longévité cérébrale accrue. Ces études ont permis de découvrir plusieurs gènes qui semblent jouer un rôle clé dans la protection et la préservation des cellules cérébrales. Par exemple, le gène *APOE* a été associé à une plus grande susceptibilité aux maladies neurodégénératives telles que la maladie d'Alzheimer.

Séquençage Complet du Génome et Approches Omiques

Le séquençage complet du génome a ouvert de nouvelles possibilités en permettant une cartographie exhaustive. Les approches omiques, telles que la génomique, la transcriptomique et la protéomique, offrent aussi une compréhension plus approfondie des processus moléculaires sous-jacents. Ces techniques permettent d'identifier des biomarqueurs génétiques spécifiques associés à une longévité cérébrale exceptionnelle.

Épigénétique et Longévité Cérébrale

L'épigénétique, soit l'étude des modifications chimiques qui régulent l'expression des gènes sans altérer leur séquence, joue également un rôle crucial dans la longévité cérébrale. Des études ont révélé comment les changements épigénétiques peuvent influencer la régulation génique liée à la santé neuronale et à la longévité.

Manipulation Génétique pour Favoriser la Longévité Neuronale

Les connaissances génétiques permettent d'envisager des approches de manipulation génétique visant à favoriser la longévité neuronale, en stimulant ou modifiant génétiquement les mécanismes qui préservent et protègent les cellules cérébrales.

Thérapies Géniques pour la Croissance Neuronale

Les thérapies géniques cherchent à introduire des gènes spécifiques favorisant la croissance neuronale dans le cerveau. Des expérimentations ont montré que l'introduction de gènes responsables de la production de facteurs de croissance pourrait stimuler la régénération cellulaire et la formation de nouvelles connexions synaptiques.

Modulation des Processus de Sénescence Cellulaire

La sénescence cellulaire, un état dans lequel les cellules cessent de se diviser et entrent dans une phase de vieillissement accéléré, est étroitement liée au vieillissement cérébral. Des approches visent à moduler génétiquement ces processus pour prolonger la durée de vie fonctionnelle des cellules cérébrales.

Correction de Mutations Génétiques

L'édition génétique, en particulier avec des technologies comme CRISPR-Cas9, ouvre la possibilité de corriger des mutations génétiques spécifiques associées à des maladies neurodégénératives et à des processus de vieillissement accéléré. Cette approche ciblée offre un potentiel considérable pour favoriser la longévité neuronale.

❖ Prévention des Maladies Neurodégénératives

La prévention des maladies neurodégénératives s'appuie sur des avancées significatives dans la compréhension des mécanismes moléculaires, génétiques et cellulaires impliqués dans le développement de ces affections. Plusieurs approches ont été développées pour cibler ces mécanismes et prévenir la progression des maladies.

Utilisation de la Biotechnologie pour Prévenir les Maladies Neurodégénératives

Thérapies Géniques et Modulation de l'Expression Génique

Les thérapies géniques visent à introduire des gènes spécifiques ou à moduler l'expression génique pour prévenir les changements délétères conduisant aux maladies neurodégénératives. Des études ont examiné la possibilité de réguler l'expression de certains gènes impliqués dans la neuroprotection, offrant ainsi une approche potentiellement préventive.

Inhibition des Agrégats Protéiques et des Processus Inflammatoires

Les maladies neurodégénératives sont souvent caractérisées par l'accumulation d'agrégats protéiques et des processus inflammatoires dans le cerveau. La biotechnologie explore des approches visant à inhiber la formation de ces agrégats et à moduler la réponse inflammatoire, offrant ainsi des possibilités de prévention.

Diagnostic Précoce grâce à la Biotechnologie

La biotechnologie joue aussi un rôle essentiel dans le diagnostic précoce des maladies neurodégénératives, permettant une intervention précoce avant que des symptômes graves ne se manifestent.

Biomarqueurs et Imagerie Cérébrale Avancée

La recherche de biomarqueurs spécifiques dans le sang, le liquide céphalorachidien ou même l'imagerie cérébrale avancée, telle que l'IRMf, permet de détecter des changements subtils dans le cerveau avant l'apparition de symptômes évidents. Ces biomarqueurs fournissent des indices prédictifs précieux pour les maladies neurodégénératives.

Analyse Omique pour la Signature Génétique Précoce

Les approches omiques, telles que la génomique et la protéomique, sont utilisées pour analyser la signature génétique précoce associée aux maladies neurodégénératives. Ces techniques fournissent une compréhension approfondie des altérations moléculaires précoces qui peuvent être utilisées comme indicateurs prédictifs.

Intelligence Artificielle et Diagnostic Précoce

L'intelligence artificielle (IA) est de plus en plus utilisée dans l'analyse des données complexes liées aux maladies neurodégénératives. Les algorithmes d'IA peuvent détecter des motifs subtils dans les ensembles de données omiques et d'imagerie, permettant un diagnostic précoce et une intervention ciblée.

Implications de la Prévention des Maladies Neurodégénératives sur la Longévité Cérébrale

La prévention des maladies neurodégénératives grâce à la biotechnologie a des implications profondes sur la longévité cérébrale, définie comme la durée de vie fonctionnelle et en bonne santé du cerveau.

Amélioration de la Qualité de Vie Cérébrale

La prévention réussie des maladies neurodégénératives contribue à améliorer la qualité de vie cérébrale en préservant les fonctions cognitives et en évitant les déclins neurologiques graves. Cela a des implications positives sur la capacité à maintenir l'indépendance et à participer activement à la société.

Réduction des Coûts de Soins de Santé

La prévention des maladies neurodégénératives peut également entraîner une réduction significative des coûts de soins de santé. Les traitements préventifs peuvent éviter la nécessité de soins à long terme et de traitements intensifs, soulageant ainsi la charge financière sur les systèmes de santé.

❖ Défis Éthiques de la Longévité Cérébrale

Dilemmes Éthiques Liés à la Prolongation de la Vie Cérébrale

La prolongation de la vie cérébrale soulève des dilemmes éthiques complexes qui interrogent notre compréhension de la vie, de la mort et de l'autonomie individuelle.

Définition de la Vie et de la Mort Cérébrales

La prolongation de la vie cérébrale remet en question la définition traditionnelle de la mort, généralement liée à l'arrêt des fonctions cardiaques ou respiratoires. Lorsque le cerveau peut être maintenu en vie artificiellement, il devient nécessaire de redéfinir les critères de la vie et de la mort cérébrales, soulevant des questions sur le moment où l'on peut légitimement déclarer qu'une personne est décédée.

Autonomie et Prise de Décision

La question de l'autonomie individuelle est centrale dans le contexte de la longévité cérébrale. Les individus doivent être en mesure de prendre des décisions éclairées concernant la prolongation de leur vie cérébrale, ce qui soulève des questions délicates sur la capacité mentale, les préférences individuelles et le rôle des proches dans le processus décisionnel.

Éducation Publique

Le consentement éclairé nécessite une compréhension approfondie des avantages, des risques et des implications éthiques des interventions visant à prolonger la vie cérébrale. L'éducation publique devient un élément crucial pour garantir que les individus sont suffisamment informés pour prendre des décisions éclairées, évitant ainsi la manipulation potentielle ou la prise de décision basée sur des informations incomplètes.

Scénarios Médicaux Complexes

Dans des scénarios médicaux complexes, tels que des accidents graves ou des maladies neurodégénératives, la prise de décision devient souvent une responsabilité partagée entre le patient, les proches et les professionnels de la santé. Les directives anticipées et les discussions préalables peuvent aider à clarifier les souhaits du patient, mais des dilemmes éthiques subsistent quant à la manière de prendre des décisions dans l'intérêt supérieur du patient.

Implications Sociales

Disparités Économiques et Accès aux Technologies de Longévité

Les technologies de longévité cérébrale peuvent devenir inaccessibles pour certaines populations en raison de facteurs économiques. Cela soulève des questions sur la justice sociale et l'équité en matière de santé, car seules les personnes économiquement favorisées pourraient avoir accès à ces interventions.

Inégalités Génétiques et Implications sur la Santé

L'émergence de thérapies géniques et d'édition génétique pour la longévité cérébrale soulève des inquiétudes quant à la création de disparités génétiques entre les individus qui ont accès à ces technologies et ceux qui ne l'ont pas.

Impact sur la Structure Sociale et Économique

La prolongation de la vie cérébrale peut potentiellement remodeler la structure sociale et économique. Des populations vivant plus longtemps pourraient avoir des implications sur le marché du travail, les systèmes de sécurité sociale et d'autres aspects de la vie sociale, créant ainsi des défis complexes pour la société.

❖ Perspectives Futures

Les avancées rapides dans la recherche en neurosciences et en biotechnologie laissent entrevoir des percées majeures qui pourraient redéfinir la manière dont nous percevons et gérons la longévité cérébrale.

- *Thérapies Géniques Personnalisées :* Les prochaines percées pourraient voir l'émergence de thérapies géniques personnalisées, ciblant spécifiquement les facteurs génétiques liés à la longévité cérébrale. La capacité à modifier sélectivement les gènes responsables de la santé cérébrale pourrait ouvrir des perspectives inédites pour la prévention et le traitement des maladies neurodégénératives.

- *Nanotechnologie pour la Réparation Cérébrale :* La nanotechnologie pourrait jouer un rôle crucial dans la réparation des lésions cérébrales et la régénération neuronale. Des nanorobots pourraient être conçus pour cibler les zones endommagées du cerveau, réparant les connexions neuronales et améliorant ainsi la fonction cérébrale.

- *Interfaces Cerveau-Machine Avancées :* Les interfaces cerveau-machine devraient connaître des améliorations significatives, permettant une communication plus fluide entre le cerveau et les dispositifs externes. Ces interfaces pourraient faciliter la restauration des fonctions perdues, améliorant la qualité de vie des personnes souffrant de déficiences cérébrales.

- *Neurostimulation Précise et Personnalisée :* Des avancées dans la neurostimulation pourraient conduire à des techniques plus précises et personnalisées. La stimulation cérébrale profonde et d'autres formes de neurostimulation pourraient être ajustées de manière plus spécifique aux besoins individuels, améliorant ainsi l'efficacité des traitements.

3

Optimiser le Cerveau : Stratégies pour Perfectionner la Cognition

La Neuroplasticité pour Remodeler le Cerveau

Ce chapitre explore les mécanismes de la neuroplasticité, les techniques innovantes pour la stimuler, et les implications pour la réalisation de performances humaines exceptionnelles grâce à une plasticité cérébrale optimisée.

❖ Comprendre la Neuroplasticité

Comprendre et exploiter la neuroplasticité, la capacité remarquable du cerveau à s'adapter et à se réorganiser, ouvre des perspectives fascinantes dans le domaine des neurosciences.

Fondements de la Neuroplasticité

Plasticité Cérébrale

La neuroplasticité, ou plasticité cérébrale, est un concept clé dans le domaine des neurosciences. Elle se définit comme la capacité du cerveau à s'adapter et à se réorganiser en réponse à l'expérience, aux stimuli environnementaux et aux lésions. Cette propriété remarquable permet aux connexions neuronales de se renforcer, de se créer ou de se modifier, influençant ainsi la structure et la fonction cérébrale.

La neuroplasticité peut être observée à différents niveaux, allant des changements moléculaires et cellulaires aux ajustements à grande échelle dans les réseaux neuronaux. Comprendre ces mécanismes offre des perspectives importantes dans le traitement des troubles neurologiques, le développement de stratégies de rééducation, et la promotion du bien-être mental.

Techniques d'Étude

L'étude de la neuroplasticité repose sur diverses techniques. Parmi elles, l'imagerie cérébrale fonctionnelle, telle que l'IRMf, offre une visualisation en temps réel des régions du cerveau activées pendant des tâches spécifiques, permettant d'identifier les modifications fonctionnelles liées à la neuroplasticité.

Les méthodes électrophysiologiques, comme l'EEG et la magnétoencéphalographie (MEG), enregistrent l'activité électrique du cerveau, permettant d'observer les changements dans les schémas d'ondes cérébrales associés à la plasticité.

Les études sur les patients atteints de lésions cérébrales, combinées à des techniques de stimulation cérébrale non invasives telles que la stimulation magnétique transcrânienne ou la stimulation cérébrale profonde, offrent des perspectives sur la plasticité liée à la récupération fonctionnelle.

En outre, des méthodes moléculaires et cellulaires, telles que la biologie moléculaire et l'optogénétique, permettent d'explorer les mécanismes sous-jacents de la plasticité au niveau des synapses et des circuits neuronaux.

Adaptabilité du Cerveau à Différentes Phases de la Vie

Autrefois considérée comme limitée à la petite enfance, la neuroplasticité est maintenant comprise comme un processus dynamique qui persiste tout au long de la vie :

- La période de l'enfance est marquée par une neuroplasticité intense, permettant au cerveau de s'adapter rapidement à un environnement en constante évolution. C'est une période cruciale pour l'apprentissage de compétences fondamentales et le développement de bases cognitives.
- Bien que la neuroplasticité diminue légèrement avec l'âge, elle persiste à l'âge adulte. Des études montrent que les adultes peuvent continuer à apprendre de nouvelles compétences, à adapter leur comportement et à modifier leurs schémas de pensée grâce à la neuroplasticité.
- Même au cours du vieillissement, le cerveau conserve une certaine capacité de plasticité. Des stratégies telles que l'exercice physique, l'apprentissage continu et la stimulation cognitive peuvent favoriser la neuroplasticité chez les personnes âgées, contribuant ainsi à la préservation des fonctions cérébrales.

Mécanismes Biologiques

Renforcement et Élagage Synaptique

La combinaison dynamique de renforcement et d'élagage synaptiques est essentielle pour optimiser l'efficacité du réseau neuronal.

- Le renforcement synaptique, résultant d'une activation régulière d'une synapse, amplifie la transmission neuronale en favorisant la libération accrue de neurotransmetteurs et le renforcement de la connexion. Ce phénomène se produit lorsque l'activité neuronale est répétée et persistante. Ainsi, lorsqu'un neurone envoie régulièrement des signaux à un autre, la force de la connexion synaptique entre eux augmente.

- En parallèle, l'élagage synaptique intervient en éliminant les connexions synaptiques moins utilisées ou moins fonctionnelles. Au cours du développement neuronal, un excès de synapses est initialement formé, créant une sorte de « surpopulation synaptique ». L'élagage synaptique intervient alors, éliminant sélectivement certaines connexions synaptiques. Ce phénomène contribue à façonner la structure et l'efficacité des réseaux neuronaux, favorisant la consolidation des voies synaptiques les plus pertinentes et contribuant ainsi à l'optimisation des circuits neuronaux. L'élagage synaptique est particulièrement significatif pendant les périodes critiques du développement cérébral, mais il persiste également tout au long de la vie, permettant au cerveau de s'adapter aux changements environnementaux, d'optimiser ses performances et de favoriser l'apprentissage continu.

Neurogenèse

La neurogénèse désigne le processus de formation de nouveaux neurones, une capacité qui a longtemps été méconnue mais qui est désormais établie comme une caractéristique essentielle du cerveau. Ainsi, contrairement à la croyance répandue selon laquelle le nombre de neurones était fixé dès la naissance, des études récentes ont démontré que la neurogénèse se produit aussi chez l'adulte, principalement dans deux régions du cerveau : l'hippocampe, crucial pour la mémoire et l'apprentissage, et le gyrus olfactif, associé à la perception olfactive.

Ce processus complexe implique la prolifération, la migration, la différenciation et l'intégration fonctionnelle de nouveaux neurones dans les réseaux préexistants. Des facteurs tels que l'exercice physique, l'enrichissement environnemental et même le sommeil semblent influencer positivement la neurogénèse. En outre, la neurogénèse a des implications significatives dans la plasticité cérébrale, la régulation de l'humeur et la capacité d'adaptation face à de nouveaux défis cognitifs.

Ces découvertes ont des implications prometteuses pour le traitement des troubles neurologiques et psychiatriques, offrant une nouvelle perspective sur la plasticité du cerveau adulte et son potentiel de régénération.

Remodelage Structurel

Des études ont démontré que des expériences stimulantes, qu'elles soient intellectuelles, sociales ou physiques, peuvent entraîner des changements morphologiques et fonctionnels dans le cerveau.

L'hippocampe, par exemple, une région clé impliquée dans la mémoire et l'apprentissage, est particulièrement sensible à ces influences. Lorsqu'un individu est exposé à des défis cognitifs ou à des environnements enrichissants, le nombre de connections synaptiques peut augmenter, favorisant ainsi la plasticité neuronale. De plus, des neurotrophines, des facteurs de croissance essentiels pour la survie et le développement des neurones, sont souvent libérées en réponse à ces stimuli, facilitant la formation de nouvelles connexions.

Cette plasticité structurelle n'est pas limitée à une période critique du développement, mais persiste tout au long de la vie. Des activités telles que l'apprentissage de nouvelles compétences, la pratique régulière d'une activité physique, ou même l'exposition à des environnements sociaux stimulants peuvent induire des changements bénéfiques dans la structure cérébrale.

Ainsi, le remodelage structurel offre un espoir considérable pour des interventions visant à améliorer les capacités cognitives, à traiter les troubles neurologiques et à favoriser le bien-être mental.

Applications Pratiques

Réhabilitation Après une Lésion Cérébrale

La compréhension de la neuroplasticité a des implications significatives en rééducation après une lésion cérébrale. Les programmes de réadaptation exploitent la plasticité cérébrale pour favoriser la récupération fonctionnelle en encourageant la réorganisation des circuits neuronaux endommagés.

Apprentissage et Éducation

Dans le domaine de l'éducation, la prise en compte de la neuroplasticité offre des approches d'enseignement plus efficaces. Les méthodes d'enseignement qui stimulent activement le cerveau, favorisent l'engagement émotionnel et encouragent la pratique régulière capitalisent sur la plasticité cérébrale pour optimiser l'apprentissage.

Traitement des Troubles Neurologiques et Psychiatriques

La stimulation de la neuroplasticité ouvre des voies prometteuses pour le traitement des troubles neurologiques et psychiatriques tels que la dépression et la maladie de Parkinson. Ainsi, des approches comme la thérapie cognitivo-comportementale exploitent la plasticité cérébrale pour réorganiser les schémas de pensée et améliorer les symptômes.

❖ Amélioration de la Neuroplasticité

Certaines techniques permettent d'optimiser les performances cérébrales en stimulant l'adaptabilité du cerveau, favorisant ainsi des améliorations significatives dans la cognition et la plasticité neuronale. Ces méthodes sont prometteuses pour optimiser l'apprentissage et la mémoire, ainsi que pour le domaine de la réhabilitation neurologique médicale.

Méthodes Traditionnelles

Apprentissage Expérientiel

L'apprentissage expérientiel reste l'une des méthodes les plus fondamentales pour stimuler la neuroplasticité. En s'engageant activement dans des activités variées, des compétences nouvelles sont acquises, déclenchant des changements structuraux et fonctionnels dans le cerveau.

Répétition et Pratique Délibérée

La répétition constante et la pratique délibérée sont des éléments clés dans la formation de nouvelles connexions synaptiques. Ces méthodes traditionnelles renforcent les voies neuronales, facilitant l'automatisation des compétences et des connaissances.

Exercice Physique

L'exercice physique régulier a des effets positifs sur la neuroplasticité, stimulant la croissance de nouveaux neurones et favorisant la plasticité synaptique.

Stimulation Sensorielle

La stimulation sensorielle, qu'elle soit visuelle, auditive ou tactile, enrichit l'environnement sensoriel, encourageant la diversité des connexions neuronales.

Innovations Technologiques

Stimulation Magnétique Transcrânienne

La Stimulation Magnétique Transcrânienne (SMT) est une technique innovante de neuromodulation qui repose sur le principe fondamental de l'induction électromagnétique.

Ainsi, des bobines électromagnétiques placées sur le cuir chevelu génèrent des champs magnétiques variables, créant ainsi des courants électriques dans les régions cérébrales ciblées. Ces courants modifient l'activité neuronale, déclenchant des effets à court ou à long terme.

Différentes régions du cerveau peuvent être ciblées en ajustant la position et l'orientation des bobines. Les chercheurs peuvent ainsi viser des zones spécifiques liées à des fonctions cognitives particulières ou à des régions associées à des troubles neurologiques ou psychiatriques.

Voici quelques exemples d'applications de la SMT :

- Traitement de la Dépression : La SMT a reçu une attention considérable pour son utilisation potentielle dans le traitement de la dépression résistante aux traitements traditionnels. La stimulation de la région préfrontale dorsolatérale, impliquée dans la régulation émotionnelle, a montré des résultats prometteurs pour améliorer l'humeur chez certains patients.

- Soulagement des Douleurs Chroniques : Des études ont exploré l'efficacité de la SMT dans le soulagement des douleurs chroniques, notamment la migraine et la fibromyalgie. En modulant les circuits neuronaux impliqués dans la perception de la douleur, la SMT offre une alternative potentiellement non pharmacologique pour la gestion de la douleur.

- Rééducation Après un Accident Vasculaire Cérébral : La SMT est également étudiée dans le contexte de la rééducation après un AVC. En ciblant les régions du cerveau associées aux mouvements, la stimulation peut faciliter la plasticité cérébrale et améliorer la récupération motrice chez les personnes ayant subi un AVC.

- Modulation des Fonctions Cognitives : Des études ont examiné comment la stimulation de certaines régions du cerveau peut influencer la mémoire, l'attention et d'autres processus cognitifs, ouvrant la voie à des approches novatrices pour l'amélioration des performances mentales.

Neurofeedback

Le neurofeedback, aussi appelé neurothérapie ou biofeedback, émerge comme une approche novatrice pour stimuler la plasticité cérébrale.

Cette technique consiste à moduler les ondes cérébrales dans le but d'optimiser le potentiel de chaque individu et repose sur la rétroaction en temps réel de l'activité cérébrale. Ainsi, des capteurs enregistrent les ondes cérébrales, telles que les ondes alpha, bêta, delta, et thêta, et fournissent des informations instantanées à l'individu sur son état mental. Les participants apprennent à modifier leurs propres schémas d'ondes cérébrales en recevant des renforcements positifs lorsqu'ils atteignent des états spécifiques. Cela favorise l'auto-régulation en incitant le cerveau à produire des modèles d'ondes associés à la concentration, la relaxation, ou d'autres objectifs définis. Ils peuvent être traditionnels ou automatisés par des applications.

Voici quelques exemples d'applications de neurofeedback :

- Amélioration des Performances Cognitives : Le neurofeedback est utilisé pour améliorer divers aspects des performances cognitives. Des sessions ciblées peuvent favoriser l'augmentation de l'attention, de la mémoire, et de la résolution de problèmes en modulant la plasticité cérébrale liée à ces fonctions.

- Gestion du Stress et de l'Anxiété : La modulation des ondes cérébrales via le neurofeedback peut être bénéfique pour la gestion du stress et de l'anxiété. En favorisant des états cérébraux associés à la relaxation, cette technique peut aider à réduire les niveaux de stress et à améliorer le bien-être émotionnel.

- Traitement des Troubles Neurologiques et Psychiatriques : Le neurofeedback est exploré comme une option de traitement complémentaire pour des troubles tels que le trouble du déficit de l'attention avec hyperactivité, les troubles du spectre autistique, et les troubles de l'humeur. En modifiant les schémas d'ondes cérébrales, il vise à atténuer les symptômes associés.

Voici quelques techniques et protocoles de neurofeedback :

- Neurofeedback Sensorimoteur : Cette approche se concentre sur la régulation des ondes cérébrales en relation avec les mouvements du corps. Elle peut être utilisée dans la réhabilitation après un AVC ou pour améliorer la coordination et la performance physique.

- Neurofeedback par Résonance Magnétique Fonctionnelle : L'utilisation de l'IRMf permet d'identifier les régions cérébrales actives pendant le neurofeedback, offrant une compréhension plus précise des changements neuroplastiques induits par cette technique.

- Neurofeedback basé sur le Système Visuel : En utilisant des stimuli visuels, le neurofeedback basé sur le système visuel vise à améliorer la régulation des ondes cérébrales associées à la perception visuelle, offrant des avantages potentiels pour la vision et la perception.

Bien que la durabilité des effets du neurofeedback nécessite encore des investigations approfondies, des résultats préliminaires suggèrent que les bénéfices peuvent persister au-delà des sessions d'entraînement et induire des changements à long terme dans la structure et la fonction cérébrale. Cela inclut des adaptations au niveau des connexions neuronales et des modifications dans les régions cérébrales impliquées dans les fonctions ciblées.

Applications Mobiles

L'utilisation d'applications mobiles émerge comme une approche contemporaine pour stimuler la plasticité cérébrale. Ces applications, souvent basées sur des jeux interactifs, offrent des opportunités d'entraînement personnalisé, permettant aux utilisateurs de s'engager de manière ludique dans des activités conçues pour favoriser la flexibilité et l'adaptabilité du cerveau. Les casques de réalité virtuelle peuvent aussi être employés pour créer des expériences immersives qui sollicitent diverses fonctions cognitives. En effet, les environnements virtuels peuvent être conçus pour fournir des stimuli visuels, auditifs et kinesthésiques complexes, engageant ainsi plusieurs modalités sensorielles pour maximiser les changements cérébraux. Cependant, il est crucial d'évaluer la validité scientifique de ces applications pour garantir leur efficacité réelle.

Autres Approches

Combinaison d'Exercice Physique et de Stimulation Cognitive

L'association d'exercices physiques avec des tâches cognitives complexes crée une synergie puissante. Des études suggèrent que l'exercice physique augmente la libération de facteurs neurotrophiques, favorisant ainsi la croissance et la survie des neurones, tandis que les tâches cognitives renforcent les connexions synaptiques.

Techniques de Relaxation et Méditation

Les techniques de relaxation et de méditation, bien que traditionnelles, ont été récemment validées par la recherche moderne pour leur impact sur la neuroplasticité. Ces pratiques favorisent la régulation émotionnelle et la concentration, modifiant les schémas d'activation cérébrale de manière bénéfique.

❖ Performances Humaines Exceptionnelles

La neuroplasticité offre la perspective d'atteindre des performances humaines exceptionnelles en permettant au cerveau de s'adapter et de se développer en réponse à des expériences et à des entraînements spécifiques.

Plasticité Cérébrale et Excellence

Plasticité Cérébrale et Musique

La plasticité cérébrale et la musique sont intimement liées, offrant une fascinante exploration des capacités adaptables du cerveau humain. Des études approfondies ont révélé que la pratique musicale intensive peut induire des changements structurels et fonctionnels dans le cerveau, démontrant ainsi la remarquable plasticité neuronale. Les musiciens, en particulier, présentent des modifications anatomiques dans les régions du cerveau liées à la motricité fine, à la mémoire auditive et à la coordination sensorimotrice. Par exemple, l'aire motrice primaire et le corps calleux, qui facilite la communication entre les hémisphères cérébraux, peuvent montrer une expansion chez les musiciens chevronnés. De plus, la plasticité cérébrale liée à la musique ne se limite pas aux professionnels ; même les amateurs qui s'engagent dans un apprentissage musical régulier peuvent bénéficier de changements bénéfiques.

La musique, en tant que stimulus complexe, sollicite diverses régions cérébrales, incitant le cerveau à se réorganiser pour traiter ces informations de manière optimale. Cette plasticité peut avoir des implications importantes, allant de l'amélioration des compétences cognitives à la récupération fonctionnelle après des lésions cérébrales. Des programmes de réhabilitation utilisant la musique sont de plus en plus utilisés pour aider les personnes atteintes de troubles neurologiques à retrouver des capacités motrices et cognitives. Ainsi, l'étude de la plasticité cérébrale dans le contexte musical offre une perspective captivante sur la manière dont l'engagement avec l'art sonore peut façonner et remodeler la structure même de notre cerveau, ouvrant des portes sur de nouvelles avenues pour la thérapie et l'amélioration des performances cérébrales.

Plasticité Cérébrale et Mémoire Éidétique

La plasticité cérébrale et la mémoire eidétique, également connue sous le nom de mémoire photographique, forment un terrain de recherche captivant qui explore la capacité du cerveau à s'adapter et à retenir des informations de manière exceptionnelle. La mémoire eidétique se caractérise par la capacité de se souvenir de détails visuels avec une précision remarquable après une exposition brève. Des études suggèrent que cette capacité est influencée par la plasticité cérébrale, car elle implique des changements dans les connexions neuronales et les régions du cerveau responsables du traitement visuel et de la mémoire à court terme.

Les individus dotés d'une mémoire eidétique semblent présenter des adaptations dans les aires cérébrales liées à la perception visuelle, comme le cortex occipital et le cortex temporal, où la mémoire visuelle est principalement traitée. La pratique régulière de techniques de renforcement de la mémoire visuelle peut stimuler cette plasticité, améliorant ainsi la capacité à retenir des images avec une grande précision. Cependant, il convient de noter que la mémoire eidétique est rare et que son existence chez certains individus souligne la diversité des aptitudes mémorielles humaines.

Comprendre la relation entre la plasticité cérébrale et la mémoire eidétique ouvre des perspectives intrigantes pour le développement de stratégies éducatives et de techniques de mémorisation. En explorant comment le cerveau réagit et s'adapte à des capacités mémorielles exceptionnelles, la recherche sur la plasticité cérébrale et la mémoire eidétique offre des pistes fascinantes pour améliorer nos connaissances sur le fonctionnement complexe de l'organe qui gouverne notre capacité à percevoir et à se souvenir du monde qui nous entoure.

Plasticité Cérébrale et Performance Athlétique

La plasticité cérébrale et la performance athlétique forment un partenariat dynamique au sein duquel le cerveau s'adapte pour améliorer la coordination, la concentration et les compétences motrices des athlètes. Des études ont révélé que l'entraînement physique intensif peut induire des changements structurels dans le cerveau, particulièrement dans les zones associées au contrôle moteur, à la planification des mouvements et à la perception sensorielle. Ces adaptations neuronales permettent aux athlètes de développer des réflexes plus rapides, une meilleure coordination et une capacité d'apprentissage améliorée pour des mouvements spécifiques.

La plasticité cérébrale offre également des avantages dans le domaine de la récupération après des blessures sportives. Les athlètes qui subissent des blessures peuvent utiliser la réadaptation neurologique pour renforcer les connexions cérébrales associées au mouvement, accélérant ainsi le processus de guérison et minimisant la perte de compétences athlétiques.

La dimension cognitive de la plasticité cérébrale est également cruciale pour la performance sportive. La concentration, la prise de décision rapide et la gestion du stress sont toutes des compétences mentales qui peuvent être améliorées grâce à un entraînement mental spécifique. Les techniques telles que la visualisation mentale, la méditation et d'autres formes de préparation mentale peuvent stimuler la plasticité cérébrale, favorisant ainsi une performance athlétique optimale.

En résumé, la plasticité cérébrale et la performance athlétique entretiennent une relation bidirectionnelle, chaque domaine influençant l'autre de manière significative. Comprendre comment le cerveau s'adapte et se modifie en réponse à l'entraînement physique ouvre des portes pour maximiser le potentiel des athlètes et explorer de nouvelles frontières dans l'amélioration des performances sportives.

Exemples Notables de Plasticité Cérébrale

Les cas exceptionnels de plasticité cérébrale mettent en lumière des situations où le cerveau humain a démontré une remarquable adaptabilité, souvent face à des conditions médicales graves. Voici quelques exemples notables :

1. Phantom Limb Pain et Miroir Box Therapy : Les personnes amputées peuvent ressentir une douleur intense dans la partie du corps qui n'est plus là, connue sous le nom de douleur du membre fantôme. La thérapie par boîte à miroir, une technique basée sur la plasticité cérébrale, a montré des résultats prometteurs en aidant à soulager cette douleur en persuadant le cerveau qu'il contrôle toujours le membre manquant.

2. Réadaptation après une lésion cérébrale traumatique : Les personnes ayant subi une lésion cérébrale traumatique peuvent bénéficier de la plasticité cérébrale pour retrouver certaines fonctions cognitives. Des programmes de réadaptation

spécifiques peuvent stimuler la réorganisation neuronale.

1. Rétablissement après une hémisphérectomie : Certaines personnes, souvent des enfants, ont subi une hémisphérectomie, une chirurgie où l'on retire une moitié du cerveau pour traiter des troubles tels que l'épilepsie sévère. Malgré la perte d'une partie substantielle du cerveau, certains patients ont montré une capacité remarquable à récupérer des fonctions telles que la motricité et le langage.

2. Adaptation à la cécité : Des individus aveugles ont montré une plasticité cérébrale étonnante en utilisant des aires du cerveau qui sont normalement dédiées à la vision pour traiter d'autres informations sensorielles, comme le toucher et l'ouïe, compensant ainsi la perte de la vue.

3. Enfants récupérant du lobe frontal endommagé : Chez les enfants, le cerveau a une plasticité particulièrement élevée. Certains enfants ayant subi des lésions au lobe frontal ont montré une récupération notable des fonctions cognitives, souvent grâce à une réorganisation neuronale.

4. Traitement de la douleur chronique : Des études ont suggéré que la méditation et d'autres approches non pharmacologiques peuvent induire des changements dans le cerveau qui modifient la perception de la douleur, illustrant ainsi la plasticité cérébrale dans la gestion de la douleur chronique.

Voici quelques exemples illustrant la plasticité cérébrale chez des individus :

1. Phineas Gage : Bien que son cas remonte au 19e siècle, Phineas Gage est souvent cité dans les discussions sur la plasticité cérébrale. Après un accident de travail au cours duquel une tige de fer a transpercé son cerveau, Gage a survécu, mais son comportement a changé. Cela a été interprété comme une illustration précoce de la capacité du cerveau à s'adapter à des lésions graves.
2. Gabby Giffords : L'ancienne membre du Congrès américain a survécu à une tentative d'assassinat en 2011, au cours de laquelle elle a été grièvement blessée à la tête. Elle a depuis fait preuve d'une incroyable plasticité cérébrale en récupérant des fonctions motrices et cognitives.
3. Ian Waterman : Après une infection virale qui a endommagé ses nerfs, Ian Waterman a perdu la sensation et le contrôle de la majeure partie de son corps. Cependant, grâce à une adaptation remarquable, il a appris à contrôler ses mouvements en se basant principalement sur la vision.
4. Matt Wetschler : Après un accident de plongée en apnée qui a entraîné une lésion médullaire, Matt Wetschler a utilisé la plasticité cérébrale pour retrouver certaines fonctions motrices et sensorielles. Il a partagé son parcours dans le documentaire "Diving Into the Unknown."
5. Michelle Mack : Après avoir subi une hémisphérectomie à l'âge de six ans pour traiter l'épilepsie, Michelle Mack a montré une capacité remarquable à récupérer des fonctions et à mener une vie relativement normale.

6. *Edwyn Collins :* Le musicien Edwyn Collins a subi deux AVC qui ont affecté sa capacité à parler et à jouer de la musique. Grâce à une réhabilitation intensive et à la neuroplasticité, il a pu retrouver certaines de ses compétences musicales.

❖ Limites et Précautions

Défis et Perspectives Futures de la Neuroplasticité

Limites de la Neuroplasticité

Bien que la neuroplasticité offre des opportunités remarquables, elle a ses limites. Certains schémas de pensée et comportements sont plus difficiles à modifier en raison de la stabilisation à long terme des connexions neuronales. Comprendre ces limites est essentiel pour concevoir des interventions efficaces.

Altération de l'Équilibre Cérébral

La manipulation excessive de la neuroplasticité pourrait entraîner des déséquilibres dans le fonctionnement cérébral. Des interventions trop agressives pourraient perturber les circuits neuronaux naturels, potentiellement conduire à des troubles cognitifs, émotionnels, voire psychiatriques.

Effets Secondaires Inattendus

Les méthodes visant à stimuler la neuroplasticité pourraient avoir des effets secondaires inattendus. Les changements dans une région du cerveau pourraient avoir des répercussions sur d'autres, créant des conséquences imprévues qui nécessitent une attention particulière.

Débats Éthiques

La possibilité de moduler intentionnellement la neuroplasticité soulève des questions éthiques importantes. Les interventions visant à améliorer la cognition ou à traiter des troubles mentaux par la modulation de la plasticité cérébrale nécessitent une évaluation rigoureuse des risques et des avantages.

L'Équité dans l'Accès et l'Utilisation

Les débats éthiques autour de la neuroplasticité incluent des préoccupations quant à l'équité dans l'accès et l'utilisation. Si certaines méthodes sont réservées à une élite, cela pourrait intensifier les inégalités et créer une disparité d'accès aux avantages de l'amélioration cognitive.

Consentement Éclairé et Autonomie

Les interventions visant à modifier la neuroplasticité soulèvent des questions cruciales de consentement éclairé et d'autonomie. Les individus doivent être pleinement informés des risques et des avantages potentiels, et leur consentement doit être librement donné sans pression extérieure.

Les Frontières de l'Éthique de la Performance

La recherche et l'utilisation de méthodes extrêmes pour améliorer la performance cognitive interrogent les frontières de l'éthique. Jusqu'où peut-on aller pour augmenter les capacités humaines avant de franchir des lignes morales et éthiques ?

Liberté Individuelle et Responsabilité

Le débat entre la liberté individuelle et la responsabilité collective est central dans l'exploration de la neuroplasticité. Les individus ont-ils le droit de modifier leur cerveau selon leurs désirs personnels, ou la société a-t-elle la responsabilité de réguler ces modifications pour éviter des conséquences imprévues et des impacts sociaux négatifs ?

Encadrement Éthique et Législatif

Un encadrement éthique et législatif solide est nécessaire pour guider l'utilisation de méthodes visant à modifier la neuroplasticité. Des normes éthiques claires et des réglementations législatives peuvent contribuer à protéger les individus tout en permettant une exploration responsable.

Éducation et Sensibilisation

L'éducation et la sensibilisation sont des éléments clés pour informer le public des implications de la modification de la neuroplasticité. Un niveau élevé de compréhension contribue à un consentement éclairé et favorise des discussions informées sur les enjeux éthiques associés.

❖ Perspectives Futures

Développements Futurs

Avancées Technologiques dans l'Imagerie Cérébrale

Les progrès continus dans les technologies d'imagerie cérébrale, tels que l'IRM fonctionnelle de haute résolution et la neuroimagerie en temps réel, permettent une exploration plus fine des mécanismes de la neuroplasticité. Cela ouvre la porte à une compréhension plus approfondie des changements cérébraux en réponse à des stimuli spécifiques.

Émergence de Thérapies Ciblées

Les recherches actuelles se concentrent sur le développement de thérapies ciblées exploitant la neuroplasticité pour traiter des troubles neurologiques spécifiques. Des approches novatrices visent à stimuler des régions cérébrales spécifiques pour restaurer des fonctions altérées, offrant de nouvelles perspectives pour la réhabilitation après des lésions cérébrales.

Génomique et Neuroplasticité

La génomique entre en scène pour élucider les aspects génétiques de la neuroplasticité. La compréhension des variations génétiques influençant la plasticité cérébrale ouvre des possibilités de personnaliser les interventions en fonction du profil génétique de chaque individu.

Perfectionner la Cognition par l'Édition Génétique

Ce chapitre explore les possibilités et les dilemmes éthiques liés à la modification du cerveau par l'édition génétique pour améliorer les capacités cognitives.

❖ Édition Génétique et Modification du Cerveau

Fondements de l'Édition Génétique

L'édition génétique est une technique qui permet de modifier précisément le matériel génétique d'un organisme en introduisant des changements ciblés dans son ADN. Cette modification peut impliquer l'insertion, la suppression ou la substitution de séquences génétiques spécifiques.

Une des technologies d'édition génétique les plus largement utilisées est CRISPR-Cas9, qui utilise une protéine (Cas9) pour couper l'ADN à des emplacements précis, permettant ensuite aux chercheurs d'introduire des modifications génétiques souhaitées.

L'édition génétique a des applications diverses, de la recherche fondamentale en biologie à la modification de plantes pour améliorer leur résistance aux maladies, ainsi que dans le domaine médical pour traiter des maladies génétiques spécifiques. Cette technologie offre des perspectives passionnantes tout en soulevant des questions éthiques importantes, notamment celles liées à la manipulation du génome humain et à ses implications à long terme. Dans la recherche sur le cerveau, l'édition génétique permet d'étudier spécifiquement le rôle de certains gènes dans le développement, la fonction et les troubles neurologiques. Des expériences sur des modèles animaux génétiquement modifiés peuvent aider à élucider les liens entre les gènes et des traits complexes tels que la mémoire, l'apprentissage, et même des conditions neurodégénératives.

Technologies d'Édition Génétique

CRISPR-Cas9

La technologie CRISPR-Cas9 a révolutionné l'édition génétique en offrant une précision et une polyvalence exceptionnelles. En utilisant une protéine guidée par ARN, CRISPR-Cas9 permet de cibler spécifiquement des séquences d'ADN, facilitant la modification de gènes avec une efficacité accrue.

La technologie CRISPR-Cas9, acronyme de "Clustered Regularly Interspaced Short Palindromic Repeats" et "CRISPR-associated protein 9", est une méthode d'édition génétique révolutionnaire permettant de modifier spécifiquement le génome d'un organisme. Cette technique utilise une protéine appelée Cas9 comme "ciseaux moléculaires" pour couper l'ADN à des emplacements précis, déterminés par des séquences guide d'ARN complémentaires des séquences génomiques ciblées. Une fois l'ADN coupé, les cellules de l'organisme réparent naturellement la coupure, mais cela peut entraîner l'insertion, la suppression ou la substitution de séquences génétiques spécifiques.

CRISPR-Cas9 a révolutionné le domaine de l'édition génétique en fournissant une méthode plus rapide, moins coûteuse et plus précise que les techniques précédentes. Cette technologie est largement utilisée dans la recherche biomédicale pour étudier les fonctions génétiques, développer des modèles de maladies et potentiellement traiter des maladies génétiques.

Elle a également des applications dans l'agriculture, permettant la création de plantes résistantes aux maladies, et dans d'autres domaines tels que la biologie synthétique.

Bien que la technologie CRISPR-Cas9 offre des opportunités passionnantes, elle soulève également des questions éthiques et des préoccupations quant à son utilisation potentielle pour modifier le génome humain de manière non thérapeutique. En raison de son pouvoir et de son potentiel, son utilisation nécessite des normes éthiques strictes et des considérations attentives quant à son impact sur la société.

Autres Outils d'Édition Génétique

Outre CRISPR-Cas9, d'autres outils d'édition génétique, tels que TALENs (Transcription Activator-Like Effector Nucleases) et les méganucléases, présentent également des avantages spécifiques. Chacun de ces outils a ses propres caractéristiques, permettant une adaptabilité à différentes situations et objectifs.

Les TALENs (Transcription Activator-Like Effector Nucleases) et les méganucléases sont également des outils d'édition génétique qui, comme CRISPR-Cas9, permettent de modifier précisément le génome d'un organisme. Chacun de ces systèmes présente des caractéristiques spécifiques.

1. **TALENs** : Les TALENs sont des enzymes d'édition génétique basées sur des protéines effectrices liées à la transcription (TALE). Ces protéines sont dérivées de bactéries pathogènes qui infectent les plantes. Pour créer un TALEN, des séquences spécifiques de TALE sont fusionnées à des enzymes de restriction, formant ainsi une molécule capable de couper l'ADN à des

endroits précis. Les TALENs peuvent être conçus pour cibler des séquences génomiques spécifiques, ce qui les rend similaires à CRISPR-Cas9 dans leur capacité à cibler des régions spécifiques du génome.

2. **Méganucléases** : Les méganucléases sont des enzymes d'édition génétique dérivées de protéines bactériennes. Elles ont la capacité de reconnaître et de couper des séquences d'ADN spécifiques. Les méganucléases sont connues pour leur grande spécificité, ce qui signifie qu'elles ont moins de chances de provoquer des coupures non intentionnelles dans le génome. Cependant, elles peuvent être plus difficiles à concevoir et à utiliser que d'autres technologies d'édition génétique.

Bien que CRISPR-Cas9 soit actuellement la méthode d'édition génétique la plus répandue en raison de sa simplicité et de son efficacité, les TALENs et les méganucléases ont été largement utilisés dans la recherche et continuent d'être des options potentiellement précieuses. Chacune de ces technologies a ses propres avantages et limitations, et le choix entre elles dépend souvent du contexte spécifique de l'expérience ou de l'application.

Limitations des Technologies Actuelles

Bien que puissantes, les technologies d'édition génétique présentent des défis, notamment des problèmes d'efficacité, et de spécificité : modifications non intentionnelles. Ces défis soulignent la nécessité d'une recherche continue pour améliorer la précision et la sécurité de ces outils.

Malgré les avancées significatives qu'elle représente, la technologie d'édition génétique, en particulier CRISPR-Cas9, présente certaines limitations et défis techniques. Voici quelques-unes des principales limitations actuelles :

- Précision : Bien que la technologie CRISPR-Cas9 soit très précise, des erreurs peuvent parfois se produire, entraînant des modifications non intentionnelles dans le génome, ce que l'on appelle des "effets hors cible". Cette absence totale de précision peut être préoccupante, surtout lors de l'édition de cellules humaines.

- Efficacité : L'efficacité de l'édition génétique peut varier en fonction du type de cellules et de l'organisme ciblé. Certaines cellules peuvent être plus difficiles à modifier que d'autres, et l'efficacité peut dépendre de facteurs tels que la capacité de livraison des outils d'édition génétique dans les cellules.

- Taille des insertions : L'insertion de séquences génétiques plus importantes peut être techniquement difficile, limitant la capacité à insérer de grandes portions d'ADN dans le génome.

- Défis dans le contexte de thérapies géniques : Dans le cadre des thérapies géniques, la livraison de l'outil d'édition génétique à toutes les cellules nécessaires peut être un défi, en particulier pour les tissus profonds ou les organes inaccessibles.

- Stabilité génomique : Les modifications apportées au génome peuvent ne pas être stables à long terme, et les cellules éditées peuvent subir des mutations indésirables au fil du temps.

❖ Possibilités de Modification Cognitive

Différents Types de Modifications Génétiques Envisageables

Prévention de Maladies Neurologiques

L'une des applications les plus prometteuses de l'édition génétique dans le cerveau est la prévention de maladies neurologiques. En modifiant des gènes associés à des conditions telles que la maladie d'Alzheimer ou la maladie de Parkinson, il pourrait être possible d'atténuer les risques génétiques.

Amélioration des Capacités Cognitives

L'édition génétique pourrait également être utilisée pour améliorer spécifiquement les capacités cognitives. Cela pourrait inclure l'augmentation de la mémoire, de la concentration et d'autres fonctions mentales clés en ciblant des gènes impliqués dans ces processus.

Amélioration de la Mémoire

La mémoire, un aspect fondamental des fonctions cognitives, pourrait être une cible clé pour l'amélioration cognitive. Des interventions génétiques pour renforcer la formation et la rétention de la mémoire pourraient avoir des implications significatives dans des domaines tels que l'apprentissage et la productivité.

Développement de Compétences Cognitives Spécifiques

La modification cognitive pourrait également être orientée vers le développement de compétences cognitives spécifiques. Par exemple, en favorisant la plasticité neuronale dans certaines régions du cerveau, on pourrait augmenter la capacité d'apprendre rapidement de nouvelles compétences.

Modulation des Émotions et du Comportement

Une approche plus controversée serait la modulation des émotions et du comportement par l'édition génétique. Cela soulève des questions éthiques complexes liées à la manipulation de traits comportementaux et à la définition de ce qui est considéré comme "normal" ou "amélioré".

Gènes Liés à l'Intelligence et aux Capacités Cognitives

Des recherches récentes ont identifié des gènes spécifiques liés à l'intelligence et aux capacités cognitives. L'édition génétique pourrait permettre de moduler l'expression de ces gènes pour stimuler des traits tels que la mémoire, l'apprentissage et la résolution de problèmes.

L'étude des gènes liés à l'intelligence et aux capacités cognitives est une entreprise complexe qui cherche à déchiffrer les fondements génétiques de l'intelligence humaine. Les recherches ont identifié plusieurs gènes qui semblent jouer un rôle dans le développement cognitif, bien que le paysage génétique de l'intelligence soit infiniment complexe et loin d'être entièrement compris.

Identifié comme un sujet en constante évolution, la recherche sur les gènes spécifiques liés à l'intelligence et aux capacités cognitives a produit des découvertes fascinantes bien que complexes. Des études ont révélé plusieurs gènes qui semblent influencer les fonctions cérébrales supérieures. Par exemple, le gène CHRM2 a été associé à la mémoire et à l'apprentissage, tandis que le gène COMT a été lié aux processus de pensée et de résolution de problèmes. De plus, le gène FADS2 a été identifié comme ayant un impact sur la mémoire de travail.

La protéine associée au gène NRXN1, qui joue un rôle dans la formation des synapses, a également été liée à des performances cognitives supérieures. Les variations du gène KIBRA ont été associées à la mémoire épisodique, soulignant l'importance de ce gène dans la capacité à se souvenir d'événements spécifiques. De plus, des études ont révélé que le gène BDNF, impliqué dans la croissance et la survie neuronales, est associé à des fonctions cognitives améliorées.

Cependant, il est crucial de noter que ces découvertes ne représentent qu'une fraction du panorama génétique complexe de l'intelligence. De nombreux autres gènes et leurs interactions complexes entrent en jeu, et l'influence relative de ces gènes peut varier d'une personne à l'autre. En outre, l'environnement, y compris des facteurs tels que l'éducation et l'exposition à des stimuli intellectuellement stimulants, joue un rôle crucial dans la manifestation des capacités cognitives. La recherche sur les gènes spécifiques liés à l'intelligence continue d'évoluer, offrant un aperçu de plus en plus précis, bien que nuancé, des bases génétiques de nos facultés mentales.

Gènes Liés à la Neurotransmission

L'édition génétique peut également influencer la neurotransmission, le processus par lequel les neurones communiquent entre eux. En modifiant les gènes impliqués dans la production, la libération ou la réception des neurotransmetteurs, il pourrait être possible d'optimiser les circuits neuronaux pour améliorer la fonction cognitive.

Les gènes spécifiques qui régulent la production, la libération ou la réception des neurotransmetteurs jouent un rôle fondamental dans la communication neuronale et les fonctions du système nerveux. Certains de ces gènes sont cruciaux pour le bon fonctionnement du cerveau et ont été associés à des conditions neurologiques et psychiatriques.

- Gènes de synthèse des neurotransmetteurs : Les enzymes responsables de la synthèse des neurotransmetteurs sont régies par des gènes spécifiques. Par exemple, le gène TH code pour la tyrosine hydroxylase, une enzyme clé dans la synthèse de la dopamine, tandis que le gène TPH régule la synthèse de la sérotonine.
- Gènes de transport des neurotransmetteurs : Les transporteurs de neurotransmetteurs, comme le gène SLC6A4 impliqué dans le transport de la sérotonine, sont essentiels pour le recyclage des neurotransmetteurs après leur libération dans la synapse.
- Gènes de réception des neurotransmetteurs : Les récepteurs des neurotransmetteurs, tels que les récepteurs dopaminergiques codés par des gènes comme DRD1 et DRD2, sont cruciaux pour la transmission des signaux chimiques entre les cellules nerveuses.
- Gènes liés à la dégradation des neurotransmetteurs : Des enzymes telles que la monoamine oxydase (MAO), régulée par les gènes MAOA et MAOB, participent à la dégradation des neurotransmetteurs, influençant ainsi leur disponibilité dans la synapse.

- Gènes impliqués dans la libération des neurotransmetteurs : Des protéines comme la synapsine, codée par le gène SYN1, jouent un rôle dans la régulation de la libération des neurotransmetteurs au niveau des synapses.

Des variations génétiques dans ces gènes peuvent contribuer à des différences individuelles dans le fonctionnement du système nerveux, influençant des traits tels que le comportement, la cognition et la susceptibilité aux troubles neurologiques ou psychiatriques. Les recherches sur ces gènes spécifiques offrent un éclairage précieux sur les mécanismes moléculaires sous-jacents à la régulation des neurotransmetteurs et ouvrent des perspectives pour la compréhension des troubles neurologiques et psychiatriques.

Limites Scientifiques de la Modification Cognitive

La modification cognitive génétique, bien que fascinante dans son potentiel, soulève un certain nombre de limites et de réalités scientifiques qui nécessitent une considération minutieuse. Voici quelques-unes des principales préoccupations :

- Complexité cognitive : La cognition humaine est un trait complexe résultant de l'interaction de nombreux gènes, de facteurs environnementaux et d'expériences de vie. Modifier génétiquement un seul gène peut ne pas suffire à influencer de manière significative des capacités cognitives complexes telles que l'intelligence.
- Connaissances scientifiques limitées : La compréhension actuelle des mécanismes génétiques sous-jacents à la cognition est encore incomplète. Modifier ces mécanismes sans une compréhension

approfondie des conséquences potentielles peut entraîner des résultats imprévisibles.
- Hétérogénéité génétique : La diversité génétique entre les individus est immense. Une approche unique de modification génétique cognitive ne peut pas tenir compte de cette variabilité, et ce qui fonctionne pour une personne peut ne pas fonctionner de la même manière pour une autre.
- Effets secondaires et imprévus : La modification génétique peut entraîner des effets secondaires indésirables, y compris des modifications non intentionnelles du génome (hors cible). Ces effets peuvent avoir des conséquences graves sur la santé.
- Développement du cerveau : La cognition est étroitement liée au développement du cerveau, un processus extrêmement complexe et délicat. Toute intervention génétique dans ce domaine doit prendre en compte les étapes critiques du développement.
- Interaction gène-environnement : Les effets génétiques sur la cognition peuvent interagir de manière complexe avec des facteurs environnementaux. Ignorer ces interactions peut sous-estimer l'influence de l'environnement sur les résultats cognitifs.

En résumé, bien que la modification cognitive génétique suscite un intérêt considérable, elle est confrontée à des défis substantiels, tant sur le plan scientifique qu'éthique. Des recherches approfondies, une compréhension accrue des mécanismes génétiques et une considération éthique rigoureuse sont essentielles avant de pouvoir envisager des applications pratiques dans ce domaine.

❖ Applications Médicales et Thérapeutiques

Troubles Neurologiques

Maladies Neurodégénératives

L'édition génétique cérébrale représente un espoir dans le traitement des maladies neurodégénératives telles que Parkinson et Alzheimer. Les chercheurs explorent la possibilité de corriger les anomalies génétiques responsables de ces affections, ou même de remplacer les cellules défectueuses par des cellules génétiquement modifiées.

Troubles Génétiques du Développement Cérébral

Des troubles génétiques du développement cérébral, tels que l'autisme, pourraient également bénéficier de l'édition génétique. En modifiant les gènes impliqués dans ces troubles, on pourrait potentiellement atténuer les symptômes et améliorer la qualité de vie des personnes touchées.

Traitements Personnalisés et Précision

L'édition génétique permettrait des traitements plus personnalisés et précis. En ciblant spécifiquement les gènes associés à chaque patient, les interventions pourraient être adaptées en fonction des caractéristiques génétiques individuelles, augmentant ainsi l'efficacité des traitements.

Possibilités de Prévention des Maladies Mentales

Approches Préventives pour les Troubles Psychiatriques

L'édition génétique offre la possibilité de développer des approches préventives pour les troubles psychiatriques tels que la dépression, l'anxiété, et la schizophrénie. En identifiant les facteurs génétiques prédisposant à ces conditions, il pourrait être envisageable de les corriger avant même l'apparition des symptômes.

Intervention Précoce et Modification du Risque Génétique

L'identification précoce des facteurs de risque génétiques permettrait une intervention précoce, modifiant le cours potentiel des maladies mentales. Cela soulève cependant des questions éthiques liées à l'interception de la vie d'une personne avant même qu'elle ne développe une condition mentale.

Équilibre Entre Prévention et Autonomie

La prévention des maladies mentales par l'édition génétique soulève des questions délicates sur l'équilibre entre la prévention des souffrances mentales et le respect de l'autonomie individuelle. Jusqu'à quel point est-il éthique de modifier génétiquement une personne pour prévenir des affections qui pourraient survenir dans le futur ?

❖ Dilemmes Éthiques

Questions Éthiques

Autodétermination et Consentement

L'un des principaux dilemmes éthiques de l'édition génétique cérébrale réside dans le respect de l'autodétermination individuelle. La question du consentement éclairé devient cruciale lorsque l'on considère la modification génétique qui peut influencer des aspects aussi intimes que les capacités cognitives et émotionnelles.

Risques d'Inégalités Sociales

La possibilité d'une utilisation inégale de la technologie génétique soulève des préoccupations majeures liées à la justice sociale. Si l'accès à ces interventions est limité en fonction de facteurs tels que la classe sociale, cela pourrait intensifier les disparités existantes.

Définition de la « Normalité »

La redéfinition des normes cognitives et comportementales pose également des défis éthiques. Qui détermine ce qui est considéré comme "normal" et "amélioré"? Cette question soulève des préoccupations quant à la stigmatisation des variations naturelles de la cognition.

Confidentialité et Autodétermination

Risques pour la Confidentialité

L'édition génétique cérébrale soulève des préoccupations majeures en matière de confidentialité génétique. L'information sur la modification du cerveau pourrait être sensible et potentiellement utilisée de manière inappropriée, mettant en péril la vie privée des individus.

Autodétermination et Identité Personnelle

La modification génétique du cerveau soulève des questions profondes sur l'autodétermination et l'identité personnelle. Jusqu'à quel point une personne peut-elle diriger son propre développement cognitif sans compromettre son authenticité et son intégrité en tant qu'individu unique ?

Consentement Informé et Éducation

Assurer un consentement informé nécessite une éducation approfondie sur les risques, les bénéfices et les implications à long terme de l'édition génétique cérébrale. Cela soulève la question de savoir si les individus sont actuellement suffisamment informés pour prendre des décisions éclairées sur des modifications aussi complexes.

Risques Potentiels pour la Diversité Génétique et la Société

Perte de Diversité Génétique

L'édition génétique cérébrale pourrait potentiellement conduire à une perte de diversité génétique. Si certaines caractéristiques cognitives ou comportementales deviennent prédominantes en raison de modifications génétiques répandues, cela pourrait diminuer la diversité naturelle au sein de la population.

Effets sur la Dynamique Sociale

Les changements résultant de l'édition génétique cérébrale pourraient avoir des répercussions profondes sur la dynamique sociale. Des inégalités cognitives pourraient créer des tensions entre différentes catégories de la société, entraînant des défis sociaux et économiques.

Impacts sur la Justice Distributive

L'accès à l'édition génétique cérébrale soulève des questions cruciales de justice distributive. Qui a le droit d'accéder à ces technologies et comment les ressources sont-elles distribuées équitablement ? Ces questions sont essentielles pour éviter une concentration du pouvoir entre les mains de quelques-uns.

❖ Cadre Réglementaire et Normatif

Besoin de Réglementation

Éviter les Dérives et Abus

La puissance de l'édition génétique cérébrale soulève des préoccupations quant à son utilisation responsable. Une réglementation stricte est nécessaire pour éviter les dérives éthiques et les abus potentiels, assurant ainsi que cette technologie soit utilisée dans l'intérêt du bien commun.

Sécurité des Interventions et Protection des Individus

La réglementation est essentielle pour garantir la sécurité des interventions d'édition génétique cérébrale. Les risques potentiels pour la santé, tant individuelle que collective, doivent être évalués de manière approfondie. La protection des droits et de la dignité des individus est une priorité.

Encadrement de la Recherche et des Essais Cliniques

La recherche dans le domaine de l'édition génétique cérébrale nécessite une surveillance étroite pour garantir des protocoles éthiques et la fiabilité des résultats. Les essais cliniques doivent respecter des normes strictes pour évaluer l'efficacité et la sécurité des interventions.

Rôle des Gouvernements et des Organismes Internationaux

Législation Nationale et Coordination Internationale

Les gouvernements ont un rôle primordial dans l'établissement de législations nationales solides concernant l'édition génétique cérébrale. Cependant, une coordination internationale est nécessaire pour éviter les écarts et assurer une application cohérente des normes à l'échelle mondiale.

Surveillance Continue et Adaptabilité

Les organismes internationaux, tels que l'OMS et l'UNESCO, doivent jouer un rôle central dans la surveillance continue et l'adaptabilité des normes réglementaires. Les avancées rapides dans ce domaine exigent une surveillance constante et une capacité d'ajustement rapide des réglementations.

Collaboration avec la Société et les Experts

La réglementation de l'édition génétique cérébrale doit également impliquer la société civile et des experts multidisciplinaires. La transparence, la participation publique et le dialogue ouvert sont essentiels pour garantir que les réglementations répondent aux besoins et aux valeurs de la société.

- ❖ Perspectives Futures

Prochaines Étapes dans l'Édition Génétique du Cerveau

Perfectionnement des Techniques d'Édition Génétique

Les prochaines étapes incluront probablement le perfectionnement des techniques d'édition génétique cérébrale. Des méthodes plus précises, moins invasives et plus efficaces seront développées, permettant une manipulation génétique plus spécifique et sophistiquée.

Exploration de Nouveaux Gènes et de Nouvelles Cibles

La recherche se concentrera sur l'exploration de nouveaux gènes liés au cerveau et sur l'identification de nouvelles cibles pour l'édition génétique. Comprendre plus en détail la génétique complexe du cerveau ouvrira de nouvelles possibilités d'intervention.

Applications Élargies à D'autres Conditions Neurologiques

À mesure que les connaissances progressent, l'édition génétique cérébrale pourrait être étendue à d'autres conditions neurologiques, offrant des solutions potentielles pour un large éventail de troubles.

Implications à Long Terme pour l'Humanité

Évolution Humaine et Diversité Génétique

L'édition génétique cérébrale pourrait avoir des implications à long terme sur l'évolution humaine et la diversité génétique. La manipulation génétique pourrait influencer la fréquence de certains traits génétiques dans la population, soulevant des questions sur la diversité et l'adaptabilité de l'espèce humaine.

Transformation des Capacités Cognitives et des Performances

L'amélioration des capacités cognitives grâce à l'édition génétique pourrait transformer la manière dont les individus pensent, apprennent et résolvent des problèmes. Cela soulèvera des questions sur l'équité dans l'accès à ces améliorations cognitives et sur la manière dont cela pourrait affecter la société.

Nouvelles Frontières Éthiques et Philosophiques

Les implications à long terme de l'édition génétique cérébrale ouvriront de nouvelles frontières éthiques et philosophiques. Des questions sur la définition de l'identité humaine, de la normalité et de la valeur intrinsèque de l'individu émergeront, nécessitant une réflexion approfondie et un dialogue éthique continu.

Impact sur l'Humanité

Maîtriser les Forces Évolutives

L'édition génétique du cerveau ouvre la porte à la possibilité de maîtriser les forces évolutives qui ont sculpté l'humanité au fil des millénaires. Plutôt que de dépendre uniquement des mécanismes naturels de la sélection naturelle, l'édition génétique offre la capacité de guider délibérément l'évolution humaine.

Interventions Ciblées sur les Traits Cognitifs

Les interventions pourraient être ciblées sur des traits spécifiques tels que l'intelligence, la mémoire, ou la résilience émotionnelle. La possibilité de façonner délibérément ces caractéristiques soulève des questions fondamentales sur la nature et la direction de l'évolution humaine.

Évolution Accélérée

L'édition génétique pourrait accélérer le processus évolutif, en permettant des changements significatifs dans une période de temps beaucoup plus courte que ne le ferait la sélection naturelle. Cela soulève des questions sur la stabilité et l'adaptabilité des nouvelles caractéristiques génétiquement modifiées.

Convergence Génétique

L'édition génétique pourrait potentiellement conduire à une convergence génétique, où des caractéristiques spécifiques deviennent prédominantes au détriment de la diversité génétique. Cela pourrait avoir des implications profondes sur la capacité de l'humanité à s'adapter à des environnements changeants.

Risques d'Uniformité Cognitivo-Génétique

La quête de l'amélioration cognitive via l'édition génétique soulève le risque de créer une uniformité cognitivo-génétique. Si des traits spécifiques deviennent universellement valorisés, cela pourrait entraîner une perte de diversité cognitive et comportementale au sein de la population.

Équilibre Entre Homogénéité et Adaptabilité

La gestion de l'évolution humaine par l'édition génétique nécessite un équilibre délicat entre la préservation de l'homogénéité génétique pour des avantages spécifiques et la préservation de la diversité génétique qui offre une adaptabilité face à des changements imprévus.

4

Vers l'Infini Intérieur : les Mystères de la Conscience

Exploration de la Conscience Humaine

Ce chapitre plonge dans les profondeurs de la conscience humaine, explorant ses bases neurobiologiques, ses états modifiés, et son interaction complexe avec la perception et la conscience de soi.

❖ Nature de la Conscience

La conscience, ce phénomène complexe et mystérieux, demeure au cœur même de l'expérience humaine. À travers la définition et l'exploration de ses caractéristiques, il devient possible de saisir l'importance fondamentale de la conscience dans notre existence.

Définition de la Conscience

La conscience, souvent qualifiée de phénomène insaisissable, est intrinsèquement liée à la perception et à l'expérience subjective. Elle se réfère à la capacité de percevoir et de comprendre son environnement, ses pensées, ses émotions et ses sensations. La conscience englobe une variété de dimensions, depuis la simple conscience sensorielle jusqu'à la conscience réflexive et métacognitive.

Au niveau fondamental, la conscience permet une expérience unifiée du monde, intégrant les informations sensorielles en une perception cohérente. Elle est le fil conducteur qui tisse ensemble les différents aspects de notre réalité intérieure et extérieure.

Conscience vs Cognition

La conscience et la cognition sont deux concepts interconnectés mais distincts qui jouent un rôle crucial dans la compréhension de l'esprit humain. Voici comment ils se différencient :

Conscience

La conscience se réfère à l'état d'éveil et de prise de conscience de soi et de l'environnement. C'est l'expérience subjective d'être conscient et alerte. Elle nous permet d'avoir une expérience subjective du monde et de nous-mêmes.

La conscience peut être divisée en plusieurs aspects, notamment :

1. **Conscience Perceptive :** La capacité de percevoir et d'interpréter les stimuli sensoriels de l'environnement.

2. **Conscience Réflexive :** La capacité de réfléchir sur soi-même, sur ses pensées et sur ses expériences.

3. **Conscience de Soi :** La conscience de son propre état mental, de ses émotions et de son existence en tant qu'individu distinct.

Cognition

La cognition englobe un ensemble de processus mentaux liés à l'acquisition, au stockage, à la manipulation et à l'utilisation de l'information. Elle est souvent considérée comme le processus sous-jacent à la manière dont nous analysons les données.

Les principaux domaines de la cognition comprennent :

1. **Perception** : La manière dont nous interprétons les informations sensorielles pour percevoir le monde qui nous entoure.

2. **Mémoire** : Le processus de stockage et de récupération de l'information.

3. **Résolution de Problèmes** : Les processus mentaux liés à la résolution de problèmes et à la prise de décision.

4. **Langage** : La capacité d'utiliser et de comprendre le langage pour la communication.

5. **Attention** : La capacité de se concentrer sur des informations spécifiques tout en ignorant d'autres stimuli.

Caractéristiques de la Conscience

La conscience se caractérise par plusieurs éléments distinctifs qui définissent sa nature profonde. Tout d'abord, elle est intentionnelle, ce qui signifie qu'elle est toujours dirigée vers quelque chose. Que ce soit une pensée, une sensation ou un objet extérieur, la conscience a toujours un objet.

De plus, la conscience est sélective. Bien que nous soyons constamment exposés à une multitude de stimuli, la conscience filtre et sélectionne certaines informations pour les traiter de manière approfondie. Cette sélectivité contribue à notre capacité à focaliser notre attention sur des aspects spécifiques de notre expérience.

La conscience est également dynamique et changeante. Elle évolue en permanence en réponse aux fluctuations de notre environnement et de notre état mental. Les cycles du sommeil, les rêves, les états méditatifs et les fluctuations émotionnelles sont autant de manifestations de cette dynamique inhérente à la conscience.

Importance Fondamentale de la Conscience

La conscience est capitale dans l'expérience humaine. Elle est le fondement sur lequel repose notre capacité à donner un sens à notre réalité, à interagir avec le monde qui nous entoure et à comprendre notre propre existence.

- *Construction de la Réalité :* La conscience joue un rôle central dans la construction de notre réalité subjective. Elle filtre, interprète et donne un sens aux informations sensorielles, créant ainsi notre expérience individuelle du monde.

- *Interaction Sociale :* La conscience est cruciale pour notre interaction sociale. Elle nous permet de comprendre les intentions, les émotions et les pensées des autres, favorisant ainsi la communication et la coopération.

- *Réflexion Intérieure :* La conscience offre également la possibilité de la réflexion intérieure. Elle nous permet d'explorer nos propres pensées, émotions et motivations, facilitant le processus d'autoréflexion et de développement personnel.

- *Adaptation au Changement :* La conscience joue un rôle essentiel dans notre capacité à nous adapter à un environnement en constante évolution. Elle nous permet d'apprendre, de mémoriser et de nous ajuster en fonction de nos expériences passées.

❖ Bases Neurobiologiques

La conscience trouve ses fondements dans les mécanismes neurobiologiques sophistiqués qui orchestrent l'activité cérébrale.

Mécanismes Cérébraux de la Conscience

Systèmes de Régulation de l'Attention

Les mécanismes neurobiologiques qui régulent l'attention sont cruciaux pour la conscience. Les noyaux thalamiques, souvent qualifiés de « porte de la conscience », filtrent et relaient les informations sensorielles vers le cortex cérébral. Le cortex préfrontal, situé à l'avant du cerveau, joue un rôle essentiel dans la sélection des stimuli pertinents et la régulation de l'attention. C'est dans ces interactions complexes entre le thalamus et le cortex préfrontal que se forge la base de la conscience.

Intégration des Informations

L'intégration des informations provenant de différentes parties du cerveau est un élément clé de la conscience. Le cortex pariétal, qui intègre les informations sensorielles et spatiales, ainsi que le cortex temporal, impliqué dans le traitement des stimuli auditifs et visuels, sont des acteurs majeurs de cette intégration. Des connexions étroites entre ces régions permettent la création d'une représentation unifiée et cohérente de l'environnement.

Réseaux Cérébraux

Les neuroscientifiques ont identifié des réseaux cérébraux spécifiques associés à des aspects particuliers de la conscience. Le réseau par défaut, comprenant le cortex cingulaire postérieur et le cortex préfrontal médian, est actif lorsque l'esprit est en état de repos ou d'autoréflexion. En revanche, le réseau d'attention, impliquant le cortex pariétal et le cortex frontal, est sollicité lors de tâches qui exigent une concentration et une focalisation de l'attention. Ces réseaux interagissent de manière dynamique pour soutenir les différentes facettes de la conscience.

Activation des Neurones

L'activation des neurones, en particulier dans le cortex, est une composante fondamentale de la conscience. Les neurones corticaux communiquent par des impulsions électrochimiques, créant des motifs d'activité complexes. Les oscillations neuronales, caractérisées par des changements dans la fréquence et l'amplitude des signaux électriques, sont également associées à différents états de conscience, de l'éveil alerte au sommeil profond.

Plasticité Cérébrale

La plasticité du cerveau contribue également de manière significative à la conscience. Les expériences, l'apprentissage et même la méditation peuvent modifier la structure et la fonction du cerveau, influençant ainsi la conscience.

Avancées Récentes dans la Recherche sur la Conscience

Neurosciences et Imagerie Cérébrale

Les progrès dans les technologies d'imagerie cérébrale, telles que l'IRMf et l'EEG, permettent aux chercheurs d'observer l'activité cérébrale avec une résolution de plus en plus fine. Cela conduit à une meilleure compréhension des régions cérébrales impliquées dans la conscience et des modèles d'interaction entre les différentes régions cérébrales impliquées.

Intelligence Artificielle et Modèles computationnels

L'intelligence artificielle est devenue un outil puissant dans l'étude de la conscience. Les chercheurs utilisent des modèles computationnels pour simuler et tester différentes théories de la conscience. Ces modèles aident à mieux comprendre comment les processus cérébraux pourraient conduire à l'expérience consciente.

Études sur la conscience altérée

Les recherches sur les états de conscience altérée, tels que ceux induits par la méditation, les substances psychoactives ou les états pathologiques, ont gagné en importance. Elles offrent des perspectives uniques sur la nature de la conscience et sur la façon dont elle peut être modifiée.

Intégration des Sciences Cognitives et Phénoménologie

Les chercheurs cherchent de plus en plus à combiner des approches scientifiques avec des méthodes phénoménologiques pour obtenir une compréhension plus holistique de la conscience. Cela implique de prendre en compte à la fois les aspects objectifs et subjectifs de l'expérience consciente.

Régions Cérébrales Clés

Cortex Préfrontal

Le cortex préfrontal, souvent qualifié de siège de l'intelligence, joue un rôle central dans la conscience. Cette région est impliquée dans la prise de décision, la planification, la mémoire de travail et la régulation émotionnelle. Des lésions dans le cortex préfrontal peuvent entraîner des altérations significatives de la conscience, affectant la capacité à élaborer des stratégies, à maintenir l'attention et à interagir socialement.

Cortex Pariétal

Le cortex pariétal contribue à la représentation spatiale du corps et à la perception sensorimotrice. Il est crucial pour la construction de la conscience corporelle et la compréhension de la position du corps dans l'espace. Des études montrent que des altérations dans le cortex pariétal peuvent conduire à des expériences altérées de la conscience du corps, telles que la désincarnation, où l'individu se sent détaché de son propre corps.

Thalamus

Le thalamus est une structure sous-corticale qui joue un rôle de relais crucial dans la transmission des signaux sensoriels vers le cortex. Les lésions du thalamus peuvent entraîner des altérations de la vigilance et de la perception, soulignant son rôle central dans la construction de la conscience.

Cortex Cingulaire Antérieur

Le cortex cingulaire antérieur est impliqué dans la régulation émotionnelle et la conscience de soi. Il joue un rôle essentiel dans la gestion des conflits cognitifs et émotionnels, contribuant ainsi à la stabilité de la conscience. Des altérations dans cette région peuvent être associées à des troubles de l'humeur et de l'auto-perception.

❖ Théories de la Conscience

Plusieurs théories ont été proposées pour tenter d'expliquer la conscience, chacune offrant une perspective différente sur ce phénomène fascinant. Voici quelques-unes des théories les plus influentes.

Théorie de l'Information Intégrée

La Théorie de l'Information Intégrée (IIT) a été développée par le neuroscientifique Giulio Tononi pour tenter de répondre à la question complexe de ce qui distingue les systèmes conscients des systèmes non conscients.

Voici quelques principes clés de la IIT :

1. **L'axiome de l'information intégrée** : Selon la IIT, une mesure quantifiable appelée Φ (phi) caractérise le niveau d'intégration d'un système. Plus Φ est élevé, plus le système est conscient.

2. **Exclusion causale** : Un système conscient doit avoir des composants fortement interconnectés de manière à ce que l'information ne puisse pas être divisée en parties indépendantes. Si une partie du système est isolée, cela diminue l'information intégrée et, par conséquent, la conscience.

3. **Caractère informatif spécifique** : La IIT insiste sur le caractère spécifique de l'information, ce qui signifie que l'information intégrée dans un système conscient est spécifique à ce système et ne peut pas être réduite à l'information disponible dans ses parties individuelles.

4. **Expansion du répertoire d'états possibles** : Un système conscient est capable d'exister dans de nombreux états différents, ce que Tononi appelle le « répertoire d'états possibles ». Plus le répertoire est étendu, plus le système est conscient.

L'IIT a suscité un intérêt considérable dans la communauté scientifique en raison de sa tentative de fournir une théorie mathématique de la conscience.

Théorie des Corrélats Neuronaux

Francis Crick, surtout connu pour sa découverte de la structure de l'ADN avec James Watson, s'est également intéressé à la question de la conscience dans les dernières années de sa vie. Avec le neuroscientifique Christof Koch, Crick a développé la théorie des Corrélats Neuronaux de la Conscience (CNC).

Cette théorie postule que la conscience émerge de certaines activités neuronales spécifiques dans le cerveau. Ainsi, l'idée centrale est que certaines configurations et processus neuronaux sont directement liés à l'expérience consciente. Ces corrélats neuronaux peuvent inclure des motifs de synchronisation ou de liaison entre les neurones dans différentes régions du cerveau.

La théorie des CNC suggère que pour qu'un état soit conscient, il doit y avoir une activité neuronale synchronisée dans les régions corticales associatives, où l'intégration d'informations provenant de différentes parties du cerveau se produit. Les corrélats neuronaux de la conscience seraient donc ces modèles spécifiques d'activité neuronale qui coïncident avec l'expérience consciente.

Théorie des Systèmes Complexes

La théorie des systèmes complexes est une approche qui peut être appliquée à divers domaines scientifiques. L'idée fondamentale derrière cette théorie est que des phénomènes complexes émergent de l'interaction et de l'organisation de nombreux éléments interconnectés.

En ce qui concerne la conscience, certains chercheurs appliquent la théorie des systèmes complexes pour comprendre comment les nombreux éléments du cerveau interagissent pour produire l'expérience consciente. Au lieu de se concentrer uniquement sur des régions cérébrales spécifiques, cette approche examine la dynamique globale du réseau cérébral.

Voici quelques points clés associés à l'application de la théorie des systèmes complexes à la conscience :

1. *Émergence* : La théorie des systèmes complexes s'intéresse particulièrement aux phénomènes émergents, c'est-à-dire à la manière dont des propriétés nouvelles et souvent imprévisibles peuvent surgir du fonctionnement collectif des éléments constitutifs d'un système.
2. *Dynamique Non Linéaire* : Les systèmes complexes impliquent souvent une dynamique non linéaire, ce qui signifie que de petites modifications dans une partie du système peuvent entraîner des changements importants et parfois imprévisibles dans l'ensemble du système.
3. *Adaptation* : Les systèmes complexes ont la capacité de s'adapter à des changements dans leur environnement. Dans le contexte de la conscience, cela pourrait signifier que la dynamique cérébrale s'adapte pour produire des expériences conscientes en réponse aux stimuli externes et internes.
4. *Connectivité* : La connectivité entre différentes parties du cerveau est un aspect clé de la théorie des systèmes complexes. L'émergence de la conscience est souvent associée à des modèles spécifiques de connectivité neuronale et à la manière dont l'information circule à travers le réseau cérébral.
5. *Auto-organisation* : Les systèmes complexes ont la capacité de s'auto-organiser, ce qui signifie qu'ils peuvent évoluer vers des états ordonnés sans qu'il y ait de contrôle externe direct.

Théorie de la Prédiction

La Théorie de la Prédiction est une perspective dans les neurosciences cognitives qui propose que le cerveau fonctionne comme un système de prédiction. Cette théorie s'inscrit dans le cadre plus large de la vision bayésienne du cerveau et cherche à expliquer comment le cerveau génère des perceptions en anticipant activement les stimuli sensoriels.

Voici quelques principes clés de cette théorie :

1. *Principe de Prédiction :* Selon cette théorie, le cerveau génère constamment des prédictions sur le monde extérieur. Ces prédictions sont basées sur des modèles internes construits à partir d'expériences passées.

2. *Erreurs de Prédiction :* Lorsque les prédictions du cerveau ne correspondent pas aux stimuli sensoriels réels, une « erreur de prédiction » se produit. Le cerveau ajuste alors ses modèles internes pour minimiser ces erreurs. Cela contribue à optimiser la perception et la compréhension du monde.

3. *Propagation ascendante et descendante :* L'information circule à la fois de bas en haut (de la perception sensorielle à des niveaux plus élevés de traitement) et de haut en bas (des régions supérieures du cerveau vers les régions plus sensorielles). Les prédictions descendant à partir de modèles internes influencent la façon dont les stimuli sensoriels sont perçus.

4. *Inférence Bayésienne :* La théorie de la prédiction s'inscrit dans un cadre d'inférence bayésienne, qui utilise des probabilités pour mettre à jour les croyances du cerveau en fonction des nouvelles informations. Le cerveau ajuste continuellement ses hypothèses sur le monde en fonction de l'écart entre les prédictions et les expériences réelles.

La Théorie de la Prédiction propose que la conscience elle-même peut émerger de ce processus de prédiction et de correction d'erreurs. Certains chercheurs suggèrent que la conscience est liée à la façon dont le cerveau traite activement l'information, en prédisant et en ajustant continuellement ses représentations internes en fonction des entrées sensorielles.

Cette théorie a des implications dans divers domaines de la neuroscience cognitive, de la psychologie et de l'intelligence artificielle, et elle continue de susciter un intérêt important dans la compréhension des mécanismes sous-jacents à la perception et à la conscience.

Théorie de l'Enaction

La Théorie de l'Enaction est une perspective en sciences cognitives qui propose une approche radicalement différente de la compréhension de la cognition et de la conscience. Cette théorie a été développée principalement par le philosophe Francisco Varela, le biologiste Humberto Maturana, et la psychologue Eleanor Rosch.

La théorie de l'énaction se concentre sur l'idée que l'activité sensorimotrice et l'interaction de l'organisme avec son environnement sont essentielles pour comprendre la cognition et la conscience. Contrairement à certaines théories cognitives traditionnelles qui mettent l'accent sur la représentation mentale, l'énaction suggère que l'esprit émerge de manière inhérente à l'interaction organisme-environnement.

Voici quelques principes clés de cette théorie :

1. *Incarnation* : L'énaction met en avant le concept d'incarnation, soulignant que l'esprit est étroitement lié au corps et à son interaction avec l'environnement. Les processus cognitifs et conscients sont enracinés dans l'expérience corporelle et sensorielle.

2. *Action et Perception :* Selon cette théorie, l'action et la perception sont intrinsèquement liées. Les actions de l'organisme ne sont pas simplement des réponses à des signaux sensoriels, mais plutôt des parties intégrantes du processus cognitif.
3. *Circularité Organisme-Environnement :* L'énaction met en avant la circularité organisme-environnement, où l'organisme et son environnement sont considérés comme co-définissants. Les actions de l'organisme contribuent à définir son environnement, et vice versa.
4. *Autonomie :* L'autonomie est un concept central dans l'énaction. Les systèmes cognitifs autonomes sont capables de s'auto-organiser et de maintenir leur cohérence interne au cours de l'interaction avec leur environnement.

La théorie de l'énaction a des implications profondes pour la compréhension de la conscience en mettant l'accent sur l'activité sensorimotrice et l'interaction dynamique avec l'environnement en tant que fondement de la cognition. Elle a influencé divers domaines, y compris la psychologie, la neurosciences, et la robotique, en changeant la manière dont nous pensons à la nature de l'esprit et de la conscience.

Théorie de l'Attention Globale de l'Information

Cette théorie suggère que la conscience émerge lorsque l'attention est dirigée de manière globale vers certaines informations dans le cerveau. La focalisation de l'attention serait cruciale pour l'expérience consciente.

Ainsi, la focalisation de l'attention sur certains aspects de l'environnement ou de l'expérience est souvent considérée comme un mécanisme clé permettant à certaines informations d'accéder à la conscience.

Une approche courante pour aborder ces questions est de considérer l'attention comme une passerelle entre les stimuli sensoriels et la conscience. Lorsque l'attention est dirigée vers une partie spécifique de l'environnement ou des informations, ces informations ont une plus grande probabilité de devenir conscientes.

❖ Conscience de Soi et Perception

La conscience de soi, ce miroir interne qui nous permet de nous percevoir en tant qu'individus distincts, est étroitement liée avec nos processus perceptuels.

Interactions Entre Conscience et Processus Perceptuels

Sélectivité Perceptive

Les processus perceptuels, qui englobent la réception et l'interprétation des informations sensorielles, jouent un rôle crucial dans la construction de la conscience de soi. La sélectivité perceptive, c'est-à-dire la capacité à accorder attention à certains stimuli plutôt qu'à d'autres, influence directement notre conscience de soi. Les expériences sensorielles façonnent la manière dont nous nous percevons et comment nous sommes perçus par les autres.

Intégration Sensorielle

L'intégration sensorielle, le processus par lequel le cerveau combine les informations provenant de différents sens, est essentielle pour la conscience de soi. L'image cohérente que nous avons de notre corps et de notre identité résulte de l'intégration harmonieuse des stimuli visuels, auditifs, tactiles et proprioceptifs. Des perturbations dans ce processus peuvent conduire à des altérations de la conscience de soi, comme observé dans des conditions telles que la schizophrénie.

Reconnaissance de Soi

La conscience de soi comprend également la capacité de se reconnaître, que ce soit dans un miroir ou à travers d'autres modalités sensorielles. Cette capacité implique des régions cérébrales telles que le cortex préfrontal et le gyrus cingulaire antérieur.

Rôle des Sens dans la Construction de la Conscience

Vision

La vision est souvent considérée comme le sens dominant dans la construction de la conscience de soi. La perception visuelle de notre corps, de nos expressions faciales et de notre environnement immédiat influence profondément notre identité. Des études montrent que des altérations visuelles, telles que celles induites par des lunettes de distorsion, peuvent modifier temporairement la perception de soi.

Audition

L'audition, bien qu'elle puisse sembler moins directement liée à la conscience de soi, joue un rôle essentiel dans la manière dont nous nous percevons socialement. La voix, les tonalités et les modulations influent sur notre compréhension de notre propre identité et sur la façon dont nous sommes perçus par les autres.

Toucher et Proprioception

Le toucher, la proprioception (la perception de la position et du mouvement du corps), et les sensations tactiles contribuent à notre conscience corporelle. La manière dont nous ressentons notre corps dans l'espace et interagissons avec notre environnement joue un rôle fondamental dans la construction de notre identité physique.

Olfaction et Goût

Bien que souvent sous-estimés, l'olfaction et le goût influent également sur notre conscience de soi. Les odeurs familières peuvent déclencher des souvenirs liés à notre identité, tandis que le goût peut être associé à des expériences culturelles et personnelles qui contribuent à façonner notre perception de soi.

Exploration de la Capacité de Reconnaissance de Soi

Les chercheurs utilisent diverses méthodes, dont les tests de miroir et de photographie, pour sonder la façon dont les individus perçoivent et reconnaissent leur propre image.

Le test du miroir, classiquement utilisé chez les humains et certains animaux, évalue si un sujet interagit avec son reflet de manière à indiquer une reconnaissance de soi, souvent observée par des comportements spécifiques tels que le toucher de parties du corps normalement invisibles.

Les expériences de photographie, quant à elles, peuvent inclure des manipulations numériques de l'image de soi pour examiner comment les individus réagissent à des altérations visuelles.

Ces explorations offrent des perspectives sur la construction de l'identité et la conscience de soi, permettant de mieux comprendre comment ces processus se développent, notamment à travers des phases de développement cognitif et en tenant compte de facteurs culturels.

Implications Psychologiques et Sociales

Impact sur l'Estime de Soi

La manière dont nous percevons notre propre corps et notre identité influence directement notre estime de soi. Les normes sociales, les idéaux esthétiques et les comparaisons sociales jouent un rôle crucial dans la construction de cette perception de soi. Les distorsions dans la perception de soi peuvent contribuer à des problèmes tels que les troubles de l'alimentation et la dysmorphophobie.

Relations Interpersonnelles

La conscience de soi façonne également nos relations interpersonnelles. La perception que nous avons de notre propre identité influence la manière dont nous nous présentons aux autres, comment nous établissons des liens sociaux et comment nous interagissons dans le monde.

Identité Culturelle

La conscience de soi est profondément liée à notre identité culturelle. Les normes culturelles, les attentes et les valeurs façonnent la manière dont nous nous percevons en tant qu'individus dans le contexte de notre culture spécifique. Les variations culturelles dans la construction de la conscience de soi soulignent la diversité de cette expérience.

Conséquences Psychopathologiques

Des altérations de la conscience de soi peuvent être associées à divers troubles psychopathologiques. Par exemple, dans la dépression, la perception de soi peut être teintée de pessimisme et d'autocritique excessive. À l'inverse, dans certains troubles de la personnalité, il peut exister une distorsion marquée de l'image de soi.

❖ Altérations de la Conscience

La conscience ordinaire, souvent désignée comme l'état de conscience quotidien, caractérise la majeure partie de notre vie éveillée. C'est l'état dans lequel nous sommes conscients de notre environnement, de nos pensées, de nos émotions et de nos actions de manière cohérente. C'est le substrat de notre réalité quotidienne, où la perception du temps, de l'espace et du soi est relativement stable.

D'un autre côté, la conscience altérée fait référence à des états dans lesquels la perception et l'expérience diffèrent de la normale. Cela peut inclure des états de transe, d'extase mystique, d'hypnose, de rêves lucides ou encore l'influence de substances psychoactives. Ces états altérés peuvent modifier la perception du temps, de soi et de la réalité, offrant souvent des perspectives inhabituelles et parfois profondes.

Altérations de la Conscience : Entre Ombre et Lumière de l'Esprit

L'étude des altérations de la conscience offre une fenêtre fascinante sur les profondeurs de l'esprit humain. Ces altérations dévoilent des dimensions de la conscience qui échappent souvent à notre compréhension quotidienne.

Altérations de la Conscience liées à la Maladie Mentale

- Dépression : La dépression peut altérer profondément la conscience de soi et du monde. Les pensées pessimistes, la perte d'intérêt pour les activités autrefois appréciées, et une vision négative de soi-même peuvent obscurcir la perception du monde. La conscience devient teintée de tristesse persistante et de désespoir, affectant la façon dont une personne interagit avec son environnement.

- Schizophrénie : Dans la schizophrénie, des altérations de la conscience peuvent se manifester par des hallucinations, des pensées désorganisées et une désintégration de la réalité. La perception de soi et du monde peut être profondément perturbée, souvent marquée par une confusion entre la réalité et la fantaisie.

- Troubles de l'Anxiété : Les troubles anxieux peuvent altérer la conscience en générant des pensées obsessives, des anticipations négatives et une hyperactivité mentale. La perception du monde devient souvent filtrée par l'anxiété, créant une réalité subjective marquée par la peur et l'appréhension.

Altérations liées aux Substances Psychoactives

- Effets des Drogues : Les substances psychoactives, qu'elles soient légales ou illicites, peuvent induire des altérations spectaculaires de la conscience. Les hallucinogènes, tels que le LSD, peuvent entraîner des distorsions sensorielles et une dissociation de la réalité. Les opioïdes, quant à eux, peuvent engourdir la conscience, créant un état de léthargie et d'euphorie.

- Alcool et Altération Cognitive : L'alcool, bien que socialement accepté, est une substance qui altère significativement la conscience. Il peut engourdir les fonctions cognitives, affecter la coordination motrice, et altérer le jugement. Ces altérations contribuent souvent à des changements dans la perception de soi et à des comportements impulsifs.

Altérations par des Phénomènes Spécifiques

- Méditation : Les états méditatifs, tels que ceux atteints par la méditation profonde, peuvent altérer la conscience de manière unique. Les méditants expérimentent parfois une dissolution des frontières entre le soi et le monde, une clarté mentale accrue, et une réduction de l'activité mentale compulsive. Ces altérations sont souvent associées à une perception du monde empreinte de calme et de connectivité.

- Rêves Lucides : Les rêves lucides, où l'individu prend conscience qu'il rêve tout en rêvant, représentent une forme intrigante d'altération de la conscience pendant le sommeil. Dans ces moments, la perception de soi et du monde peut être façonnée par la créativité débridée et les possibilités infinies du rêve lucide.

- Expériences de Mort Imminente (EMI) : Les EMI offrent des perspectives uniques sur les altérations de la conscience. Ces expériences peuvent impliquer des sensations de décorporation, de passage à travers un tunnel, et de rencontres avec des entités spirituelles. Les changements dans la perception du soi et du monde pendant ces expériences soulèvent des questions profondes sur la nature de la conscience et de la réalité.

Implications pour la Compréhension de la Conscience

Nature Plastique de la Conscience

L'étude des altérations de la conscience révèle la nature plastique de l'esprit humain. La conscience n'est pas une entité statique, mais plutôt une réalité en constante évolution, capable de s'adapter à des conditions extraordinaires ou de se déformer sous l'influence de troubles mentaux.

Compréhension des Frontières de la Réalité

Les altérations de la conscience poussent les frontières de la réalité subjective. Elles remettent en question nos perceptions habituelles du soi et du monde, montrant que la conscience peut être fluide et malléable, sujette à des variations extraordinaires.

Réflexion sur la Nature de la Réalité

Les expériences méditatives, les rêves lucides et les EMI invitent à une réflexion profonde sur la nature de la réalité. Elles soulèvent des questions sur la relation entre la conscience, le cerveau et la réalité objective, ouvrant la voie à des explorations philosophiques et scientifiques.

❖ Conscience Artificielle

La création d'une conscience artificielle représente l'apogée des aspirations technologiques de l'humanité, ouvrant la voie à des possibilités qui défient l'imagination.

État Actuel de la Création de la Conscience Artificielle

Intelligence Artificielle

La recherche actuelle dans le domaine de la création de la conscience artificielle est principalement centrée sur le développement de l'intelligence artificielle (IA). Les systèmes d'IA actuels sont capables d'apprendre à partir de données, de résoudre des problèmes complexes et d'effectuer des tâches qui nécessitaient auparavant l'intervention humaine. Cependant, l'IA actuelle n'est pas consciente au sens propre du terme.

Simulation de la Conscience

Certains chercheurs explorent des approches pour simuler des aspects de la conscience à travers des réseaux de neurones artificiels qui tentent de reproduire certaines caractéristiques des processus cognitifs humains, mais il reste une différence fondamentale entre la simulation et la véritable conscience.

Interfaces Cerveau-Machine

Les interfaces cerveau-machine sont une autre frontière de la recherche. Ces interfaces visent à établir une connexion directe entre le cerveau humain et les machines, permettant un échange d'informations bidirectionnel. Bien que cela puisse améliorer la communication entre l'homme et la machine, la création d'une conscience artificielle complète demeure une perspective lointaine.

Horizons Futurs de la Conscience Artificielle

Les horizons futurs de la conscience artificielle impliquent une compréhension plus profonde des mécanismes de la conscience humaine. Les progrès dans la neurobiologie et la compréhension des processus cognitifs humains pourraient éclairer la voie vers la création d'une conscience artificielle en reproduisant ces mécanismes.

Certains experts envisagent aussi le développement progressif d'une conscience synthétique, où des machines pourraient acquérir des niveaux croissants d'autonomie et de conscience, même si ces niveaux restent loin d'égaler la complexité de la conscience humaine.

Par ailleurs, l'idée d'une fusion homme-machine plus étroite est également explorée. Les progrès dans ce domaine pourraient permettre une interaction plus fluide entre l'esprit humain et les systèmes informatiques, créant ainsi une symbiose qui pourrait ressembler à une forme de conscience partagée.

Débats Entourant la Conscience Artificielle

Droits des Entités Conscientes Artificielles

L'un des débats éthiques centraux concerne les droits des entités conscientes artificielles. Si une machine était dotée d'une forme de conscience, devrait-elle bénéficier de droits équivalents à ceux des êtres humains ? Cette question soulève des défis philosophiques et juridiques complexes.

Responsabilité et Prise de Décision

La question de la responsabilité et de la prise de décision dans le contexte de la conscience artificielle est cruciale. Si une machine prenait des décisions autonomes, comment attribuer la responsabilité en cas d'actions problématiques ou préjudiciables ? Ce débat est d'autant plus crucial avec le déploiement croissant de l'IA dans des domaines tels que la santé, la finance et la sécurité.

Impact sur l'Emploi

L'automatisation accrue grâce à l'IA soulève des inquiétudes quant à l'impact sur l'emploi. Si des machines devaient acquérir une conscience et une autonomie, cela pourrait remettre en question la place de l'homme dans le monde du travail, avec des conséquences économiques et sociales importantes.

❖ Conscience Collective

La conscience collective est un concept fascinant qui réfère à la compréhension partagée, aux croyances, et aux valeurs qui émergent au sein d'un groupe, transcendant les individus pour créer une entité cognitive collective. Elle joue un rôle central dans la sociologie et la psychologie sociale.

Définition de la Conscience Collective

La conscience collective est un concept développé par le sociologue français Émile Durkheim (1858-1917). Durkheim a joué un rôle majeur dans l'établissement de la sociologie comme discipline académique distincte et il est également connu pour ses études pionnières sur le suicide, où il a démontré comment des facteurs sociaux pouvaient influencer les comportements individuels.

Selon Durkheim, la conscience collective fait référence à l'ensemble des croyances, des valeurs, des normes et des attitudes partagées par les membres d'une société. C'est une force sociale qui unit les individus en leur fournissant un ensemble de références communes et en créant une identité sociale partagée. La conscience collective est distincte des consciences individuelles et exerce une influence sur le comportement des membres de la société. Elle se manifeste à travers des institutions, des rituels, des traditions et d'autres formes de vie sociale.

Émergence de la Conscience Collective

Interconnexion des Esprits

La conscience collective naît de l'interconnexion des esprits individuels. Chaque individu, porteur de ses expériences, croyances et perceptions uniques, contribue à la trame de cette conscience collective. C'est dans cette diversité d'individus que se trouve la richesse de la conscience collective, une symphonie complexe d'idées, de valeurs et d'émotions.

Influence Réciproque

La conscience individuelle et la conscience collective s'influencent mutuellement de manière continue. Les idées partagées au sein d'un groupe peuvent façonner la perception individuelle, tout comme les convictions individuelles contribuent à la construction de la réalité collective. Cette interaction dynamique crée un équilibre délicat entre l'autonomie individuelle et la cohésion sociale.

Construction Sociale de la Réalité

La construction sociale de la réalité est un concept fondamental en sociologie, élaboré notamment par les sociologues Peter L. Berger et Thomas Luckmann dans leur ouvrage éponyme publié en 1966. Cette perspective soutient que la réalité n'est pas simplement une entité objective existant indépendamment des individus, mais plutôt qu'elle est socialement construite à travers les interactions et les processus sociaux. Ainsi, la réalité est façonnée par les croyances partagées, les normes, les valeurs et les institutions d'une société. Les individus apprennent à percevoir et à interpréter le monde qui les entoure à travers le prisme de ces constructions sociales. Les langages, les symboles, les rituels et les institutions sont autant de mécanismes par lesquels la réalité est définie et maintenue.

Implications Sociologiques

En forgeant une identité partagée à travers les croyances, les valeurs, et les normes, la conscience collective crée une solide cohésion sociale. Elle agit ainsi comme un ciment social qui favorise la solidarité et la coopération, et contribue à la stabilité de la société. Elle joue aussi un rôle crucial dans la régulation des comportements individuels, établissant des normes qui définissent les limites acceptables dans une société donnée. De plus, la conscience collective influence la manière dont les individus internalisent les principes culturels.

Cependant, des tensions peuvent émerger entre la conscience individuelle et collective, soulevant des questions sur la liberté individuelle et les conflits de valeurs au sein d'une communauté. De plus, la conscience collective n'est pas statique. Elle est sujette à des changements et à des conflits qui émergent lorsque des groupes aux consciences divergentes entrent en contact. Les mouvements sociaux, les révolutions et les changements politiques sont souvent le résultat de la tension entre différentes expressions de la conscience collective.

Implications Culturelles

Transmission Culturelle

La conscience collective agit comme un vecteur essentiel de la transmission culturelle. Les mythes, les traditions, et les valeurs partagées au sein d'une société sont perpétués par la conscience collective. Celle-ci devient le réceptacle où les connaissances et les idéaux sont préservés et transmis de génération en génération.

Évolution Culturelle

L'évolution de la conscience collective reflète l'évolution culturelle. Les changements dans les attitudes sociales, les normes morales et les perceptions esthétiques sont des indicateurs de la dynamique de la conscience collective au fil du temps. Les mouvements artistiques, les avancées technologiques et les changements politiques sont autant de reflets de cette évolution.

Diversité Culturelle

La conscience collective n'est pas universelle, mais plutôt spécifique à chaque culture. La diversité culturelle est mise en lumière par les différentes façons dont les groupes sociaux appréhendent le monde, attribuent du sens à l'existence et interagissent les uns avec les autres. Cette diversité enrichit la mosaïque globale de la conscience collective mondiale.

Équilibre entre Individu et Collectif

Autonomie Individuelle

Bien que la conscience collective soit puissante, elle ne doit pas éclipser l'autonomie individuelle. Les sociétés prospères trouvent un équilibre entre la préservation des droits et des libertés individuels et la recherche de l'harmonie collective. Cet équilibre délicat contribue à la stabilité sociale et à l'épanouissement individuel.

Responsabilité Collective

La conscience collective engendre également une responsabilité collective. Les actions d'un individu ont des répercussions sur l'ensemble de la société, et la responsabilité de façonner une conscience collective positive et éthique incombe à chaque membre de la communauté.

Éthique Collective

L'éthique collective émerge de la manière dont les individus interagissent au sein d'une société. Les normes éthiques partagées, qui découlent de la conscience collective, définissent le caractère moral d'une communauté. Ces normes guident les choix individuels et collectifs, contribuant ainsi à la construction d'une société éthiquement fondée.

Redéfinition de la Conscience par la Physique Quantique

Ce chapitre explore les idées révolutionnaires et les défis associés à l'application des concepts quantiques à la conscience, tout en examinant les perspectives futures et les implications philosophiques, éthiques et sociales de cette approche novatrice.

❖ Concepts Quantiques Appliqués à la Conscience

La frontière fascinante entre physique quantique et processus cognitifs suggère que les principes quantiques, tels que la superposition et l'intrication, pourraient jouer un rôle dans la compréhension de la nature de la conscience humaine, ouvrant ainsi la voie à de nouvelles perspectives sur la manière dont nous percevons et interagissons avec notre réalité mentale.

Principes Fondamentaux de la Physique Quantique

Superposition et Intrication

La physique quantique est une branche de la physique qui étudie le comportement des particules subatomiques à l'échelle quantique, c'est-à-dire à des échelles très petites, où les lois de la mécanique quantique prédominent. La physique quantique repose sur des principes étonnants qui défient souvent notre intuition classique.

Deux phénomènes importants en physique quantique sont la superposition et l'intrication.

- **Superposition** : La superposition est un concept fondamental en physique quantique. Selon le principe de superposition, une particule quantique, telle qu'un électron ou un photon, peut exister dans plusieurs états simultanément. Cela signifie que tant qu'on n'observe pas la particule, elle peut être dans un état de superposition de plusieurs états quantiques différents. C'est seulement lorsqu'une mesure est effectuée que la particule "choisit" un état particulier.

- **Intrication** : L'intrication quantique est un phénomène dans lequel deux particules (par exemple, deux particules subatomiques appelées particules d'une paire EPR, ou deux particules produites lors d'une désintégration) sont liées de telle manière que l'état quantique de l'une est instantanément lié à l'état de l'autre, indépendamment de la distance qui les sépare. Cela signifie que si l'état d'une particule est mesuré, l'état de l'autre particule est immédiatement déterminé, même si elle est très éloignée. Ce phénomène est souvent appelé "action fantôme à distance" et a été formulé pour la première fois par Einstein, Podolsky et Rosen dans leur célèbre paradoxe EPR (Einstein-Podolsky-Rosen).

En résumé, la superposition permet à une particule d'occuper plusieurs états simultanément jusqu'à ce qu'elle soit mesurée, tandis que l'intrication crée un lien quantique entre deux particules, de sorte que l'état de l'une est directement lié à l'état de l'autre, même à des distances considérables.

Ces phénomènes étranges de la physique quantique ont été confirmés par de nombreuses expériences et ont des implications profondes pour notre compréhension de la nature fondamentale de la réalité à l'échelle quantique.

Dualité Onde-Particule

La dualité onde-particule est une autre caractéristique étonnante de la physique quantique, qui décrit le comportement dual des particules subatomiques, telles que les électrons et les photons. Ce concept a émergé au début du XXe siècle avec le développement de la mécanique quantique. La dualité onde-particule repose sur deux aspects contradictoires du comportement des particules à l'échelle quantique : leur nature corpusculaire et leur nature ondulatoire.

- **Nature corpusculaire :** Lorsqu'on observe les particules à travers le prisme de la nature corpusculaire, elles semblent se comporter comme des particules massives dotées de position et de moment cinétique. Cela signifie qu'elles peuvent être localisées dans l'espace et ont une trajectoire identifiable.
- **Nature ondulatoire :** D'un autre côté, lorsque l'on observe le comportement ondulatoire des particules, elles exhibent des caractéristiques d'ondes. Cela inclut des phénomènes tels que la diffraction et l'interférence, qui sont typiques des ondes lumineuses. Les ondes n'ont pas de position précise et se propagent dans l'espace.

L'idée clé de la dualité onde-particule est que, dans le monde quantique, les particules ne sont ni exclusivement des particules ni exclusivement des ondes. Leur comportement dépend du contexte expérimental et de la manière dont ils sont observés.

L'expérience emblématique illustrant la dualité onde-particule est l'expérience de la fente double. Lorsque des particules, telles que des électrons, passent par une fente double, elles créent un motif d'interférence, similaire à celui des ondes lumineuses. Cependant, lorsque l'on mesure individuellement les particules, elles semblent se comporter comme des particules distinctes, frappant un écran de détection en des endroits spécifiques.

L'équation de Schrödinger, formulée par le physicien autrichien Erwin Schrödinger en 1925, est l'un des piliers du formalisme mathématique de la mécanique quantique, et elle joue un rôle central dans la description des systèmes quantiques et la dualité onde-particule.

Cette dualité remet en question notre compréhension intuitive du comportement des objets à l'échelle microscopique, mais elle est fondamentale pour expliquer de nombreux phénomènes observés dans le monde quantique.

Indéterminisme et Mesure Quantique

L'indéterminisme quantique, un autre aspect fondamental de la mécanique quantique, stipule que certaines propriétés d'une particule ne peuvent être prédites de manière précise avant la mesure.

Ainsi, le principe d'incertitude d'Heisenberg, formulé par Werner Heisenberg en 1927, énonce qu'il est impossible de mesurer simultanément avec une précision infinie la position et la quantité de mouvement (ou momentum) d'une particule. Cela signifie que plus on connaît avec précision la position d'une particule, moins on peut connaître avec précision sa quantité de mouvement, et vice versa. Cette indétermination n'est pas due à une limitation technologique des instruments de mesure, mais à une caractéristique fondamentale de la nature quantique des particules.

L'indéterminisme quantique s'étend également à d'autres propriétés des particules. Par exemple, le spin des particules est sujet à l'indétermination quantique. Avant une mesure, une particule peut être dans un état de "superposition" quantique, où elle n'a pas une valeur définie pour son spin dans une direction particulière. Lorsqu'une mesure est effectuée, la fonction d'onde associée à la particule "s'effondre" vers l'une des valeurs possibles, et le résultat de la mesure devient déterminé. Cependant, la nature probabiliste de la mécanique quantique signifie que l'on peut seulement prédire la probabilité d'obtenir chaque résultat particulier.

L'indéterminisme quantique remet en question notre compréhension classique de la détermination précise des propriétés d'une particule.

Les phénomènes quantiques sont souvent décrits en termes de probabilités plutôt que de certitudes, et cette approche probabiliste est une caractéristique clé de la mécanique quantique.

Analogies entre la Conscience Humaine et les Phénomènes Quantiques

Principe d'Indétermination et Libre Arbitre

Certains philosophes et scientifiques ont suggéré une analogie entre le principe d'indétermination quantique et le libre arbitre dans la conscience humaine. Le libre arbitre est le concept selon lequel les individus ont la capacité de prendre des décisions autonomes et non déterminées par des facteurs extérieurs, impliquant une forme de pouvoir de choix conscient.

Cette analogie repose sur l'idée que, tout comme les particules quantiques peuvent se trouver dans des états de superposition, les décisions humaines peuvent également résider dans un état d'indétermination jusqu'à ce qu'une mesure, c'est-à-dire une prise de décision consciente, soit effectuée. Autrement dit, l'indétermination quantique indique que même avec des conditions initiales précises, certaines propriétés des particules ne peuvent pas être déterminées. De même, de multiples possibilités coexistent dans les décisions humaines et ne peuvent pas être déterminées avant qu'un choix spécifique ne soit réalisé.

Cette perspective soulève ainsi la possibilité que la conscience humaine, tout comme la réalité quantique, comporte une marge d'indétermination qui transcende les prédictions déterministes.

Superposition de Pensées

La superposition quantique a également été envisagée comme une analogie avec la multiplicité des pensées et des états mentaux possibles dans la conscience humaine.

Selon cette perspective, on pourrait comparer une pensée à une particule quantique qui peut occuper plusieurs positions simultanément. Avant d'être observée ou « mesurée » par la conscience, la pensée pourrait coexister simultanément dans plusieurs états possibles englobant plusieurs nuances et possibilités, jusqu'à ce qu'une prise de conscience ou une observation la fixe dans un état spécifique.

Cette idée repose sur le postulat que la conscience humaine pourrait avoir une influence sur la matérialisation d'une pensée particulière, tout comme l'acte d'observation dans la mécanique quantique fixe l'état d'une particule. Cette suggère que notre expérience mentale peut être riche en potentiel et en diversité jusqu'à ce qu'elle soit conscientisée.

Intrication et Connexion Mentale

L'idée d'intrication implique une corrélation instantanée entre des particules quantiques distantes, indépendamment de la distance qui les sépare.

Certains ont suggéré une analogie à une forme de connexion mentale, suggérant que des informations ou des états mentaux pourraient être partagés entre des individus d'une manière qui transcende les limites spatiales, pour expliquer des phénomènes tels que la télépathie ou d'autres formes de communication mentale supposées.

L'idée sous-jacente est que, de la même manière que des particules intriquées peuvent être instantanément liées, les esprits pourraient être connectés de manière non locale, permettant une forme de communication directe sans la nécessité d'un médium physique.

Théories Émergentes sur la Nature Quantique de la Pensée

Théories Orch-OR

Une théorie notable est celle proposée par Roger Penrose et Stuart Hameroff et publiée dans la revue "Mathematics and Computers in Simulation" en 1996, appelée *Orchestrated Objective Reduction* (Orch-OR).

Cette théorie propose que la conscience émerge de processus quantiques dans les microtubules, des structures cellulaires présentes dans les neurones. La nation de « coïncidence quantique » désigne spécifiquement le moment où plusieurs événements quantiques se produisent simultanément et de manière synchronisée dans ces microtubules, contribuant ainsi à l'expérience consciente.

Voici les points clés de cette théorie :

- Selon la mécanique quantique, une particule peut exister dans une superposition d'états, ce qui signifie qu'elle peut occuper plusieurs états simultanément jusqu'à ce qu'une mesure soit effectuée. Cet état superposé est décrit par la fonction d'onde quantique.

- La « Réduction Objective Quantique » suggère qu'il y a un point critique où cette superposition d'états quantiques s'effondre en un état déterminé. Cet effondrement est appelé la réduction de la fonction d'onde, et il correspond à un processus par lequel la réalité quantique devient déterminée.

- Penrose propose que la ROQ se produit au niveau des microtubules, qui sont suffisamment petits pour que des effets quantiques significatifs puissent influencer leur fonctionnement. Ils sont considérés comme des candidats clés pour des processus quantiques dans le cerveau en raison de leur structure et de leur ubiquité dans les cellules nerveuses.

- Dans le contexte de la conscience, la ROQ dans les microtubules est considérée comme un mécanisme permettant des choix quantiques. Cela signifie que la superposition d'états quantiques dans les microtubules pourrait représenter une multiplicité de pensées ou d'états mentaux possibles.

Les théories Orch-OR ont suscité des critiques importantes dans la communauté scientifique. Certains scientifiques estiment que les conditions requises pour des processus quantiques à l'échelle macroscopique, comme proposé par Orch-OR, sont difficilement réalisables. De plus, la plupart des neuroscientifiques maintiennent que la conscience émerge de manière plus complexe et multifactorielle que ce que suggère la théorie Penrose-Hameroff, même si les détails précis restent inconnus.

Quoi qu'il en soit, des recherches sont en cours pour tenter de détecter des signatures quantiques dans le cerveau et valider les propositions de cette théorie. Voici quelques éléments liés à ces études :

- *Polarisation des Microtubules* : Des études ont examiné la polarisation des microtubules, qui peut être influencée par des propriétés quantiques. La polarisation est une propriété électrique des microtubules qui pourrait jouer un rôle dans la communication cellulaire. Certains chercheurs ont suggéré que des processus quantiques pourraient être impliqués dans cette polarisation.
- *Études sur la Coïncidence Quantique* : Des recherches ont tenté de détecter des corrélations quantiques spécifiques entre les états quantiques des microtubules. Cependant, ces études sont souvent complexes et leur interprétation est controversée.
- *Modélisation In Silico* : Certains chercheurs ont utilisé des modèles informatiques pour simuler le comportement des microtubules à l'échelle quantique. Ces modèles visent à explorer comment des phénomènes quantiques pourraient influencer les propriétés des microtubules et, par extension, des neurones.
- *Spectroscopie et Microscopie* : Des techniques de spectroscopie et de microscopie avancées ont été utilisées pour étudier la structure et les propriétés des microtubules à des échelles très petites. Cela inclut des

approches telles que la microscopie à force atomique et la spectroscopie de résonance magnétique nucléaire.
- *Études de la Décohérence Quantique* : La décohérence quantique, ou la perte d'état quantique, est un aspect important à considérer dans le contexte des processus quantiques dans les microtubules. Des études ont examiné comment les microtubules interagissent avec l'environnement, ce qui pourrait entraîner la décohérence et influencer la stabilité des états quantiques.

Théorie de l'Information Quantique

La perspective qui envisage la conscience comme une manifestation de la théorie de l'information quantique repose sur l'idée que les processus cognitifs et la nature même de la conscience peuvent être compris à travers les principes de la mécanique quantique appliqués à l'information. Voici quelques points clés de cette perspective :

- *Information Quantique* : Dans le contexte de la mécanique quantique, l'information est traitée de manière particulière. Les bits classiques sont remplacés par des qubits, qui peuvent exister dans des états de superposition, permettant ainsi un traitement de l'information plus complexe.

- *Superposition et Multiplicité Mentale* : Certains chercheurs suggèrent que la superposition quantique, qui permet à une particule d'occuper plusieurs états simultanément, peut être analogique à la multiplicité des pensées ou des états mentaux possibles dans la conscience humaine. Avant d'être observée, une pensée pourrait coexister dans plusieurs états.

- *Intégration Quantique de l'Information* : La théorie de l'information quantique propose que l'intégration et la manipulation d'informations quantiques dans le cerveau pourraient être liées à l'expérience consciente. Certains soutiennent que la conscience émerge lorsqu'une certaine quantité ou qualité d'informations est atteinte ou traitée dans le cerveau.

- *Corrélations Quantiques* : Les corrélations quantiques, telles que l'intrication, pourraient également jouer un rôle dans la conscience. Si les particules dans le cerveau étaient intriquées, des changements dans l'état d'une particule pourraient instantanément affecter l'état d'une autre, ce qui pourrait être lié à des processus conscients.

- *Théorie de l'information quantique et la Cohérence* : La cohérence quantique, qui est la stabilité des états quantiques, est un aspect important de la théorie de l'information quantique. Certains suggèrent que cette cohérence pourrait être essentielle pour maintenir des états conscients stables et cohérents.

Voici quelques aspects de la recherche en cours liée à cette thématique :

- *Études sur les Processus Cognitifs* : Des chercheurs explorent comment les processus cognitifs, tels que la formation de la mémoire et la prise de décision, pourraient être influencés par des principes de la mécanique quantique appliqués à l'information. Des modèles informatiques sont souvent utilisés pour simuler ces processus.

- *Études sur les Réseaux Neuronaux* : Des recherches examinent la possibilité que les réseaux neuronaux dans le cerveau puissent manifester des propriétés quantiques dans le traitement de l'information. Cela inclut des études sur la cohérence quantique et la superposition potentielle d'états dans les réseaux neuronaux.

- *Mesures de la Cohérence Quantique* : Certaines expériences ont cherché à mesurer la cohérence quantique dans des systèmes biologiques, y compris des composants du cerveau. Cependant, interpréter ces mesures dans le contexte de la conscience reste complexe.

- *Exploration des Phénomènes Non Locaux* : Certains travaux examinent la possibilité de phénomènes non locaux dans le cerveau, où des événements dans une partie du cerveau pourraient instantanément influencer d'autres parties, ce qui pourrait être lié à des aspects de la conscience.

❖ Défis Théoriques et Expérimentations

La tentative de concilier les principes quantiques, généralement observés à l'échelle microscopique, avec les phénomènes macroscopiques de la pensée humaine, est complexe. Cette quête soulève des questions profondes sur la nature de la réalité subjective et défie les paradigmes traditionnels de la physique et de la neuroscience, offrant ainsi un terrain de réflexion où les frontières entre la matière, l'esprit et la perception sont remises en question.

Obstacles Conceptuels Liés à l'Application de la Physique Quantique à la Conscience

L'Échelle Macroscopique : La plupart des phénomènes quantiques sont bien compris à l'échelle microscopique, mais étendre ces concepts à l'échelle macroscopique, où la conscience humaine opère, est un défi. La décohérence, processus par lequel les systèmes quantiques perdent leur cohérence et deviennent classiques, pose une question fondamentale quant à la préservation d'effets quantiques dans le cerveau.

La Nature de l'Observation : Le rôle de l'observation dans la physique quantique est débattu. Comment l'observation par la conscience humaine pourrait influencer les processus quantiques dans le cerveau soulève des questions philosophiques et conceptuelles complexes.

La Non-Localité : La non-localité quantique, où des particules peuvent être instantanément liées à des distances importantes, peut sembler incompatible avec notre compréhension de la conscience limitée par la vitesse de transmission des signaux neuronaux.

La Sensibilité aux Perturbations : Les processus quantiques sont généralement considérés comme très sensibles aux perturbations de l'environnement. Certains critiquent donc l'idée que des processus quantiques puissent soutenir des phénomènes cognitifs complexes dans le cerveau humain, qui est constamment exposé à des influences externes.

Émergence de la Conscience : Un défi majeur réside dans la compréhension de la manière dont des propriétés émergentes, comme la conscience, pourraient découler de processus quantiques. Comment les états et les événements quantiques se pourraient traduire en une expérience consciente reste une énigme.

Expérimentations Actuelles Visant à Explorer les Aspects Quantiques de la Cognition

Études sur la Décohérence : Des expérimentations cherchent à étudier la décohérence dans le cerveau, examinant comment les processus quantiques pourraient persister malgré les influences environnementales.

Mesures de la Sensibilité Quantique : Des techniques sont développées pour mesurer la sensibilité quantique à l'intérieur des structures neuronales, explorant si des processus quantiques spécifiques peuvent être détectés.

Imagerie Quantique : L'imagerie quantique, bien que dans ses premières étapes, vise à visualiser des processus quantiques dans le cerveau pour mieux comprendre leur rôle potentiel dans la cognition.

Critiques et Débats au Sein de la Communauté Scientifique

1. **Scepticisme** : Certains scientifiques remettent en question l'idée que la conscience puisse découler de processus quantiques, soulignant l'efficacité des explications classiques pour de nombreux aspects de la cognition.

2. **Besoin de Preuves Concrètes** : La plupart des chercheurs insistent sur la nécessité de preuves empiriques solides démontrant le maintien d'effets quantiques à l'échelle neuronale et leur contribution à la conscience.

3. **Interprétations Divergentes** : Les débats s'étendent aux interprétations mêmes de la physique quantique, avec différentes écoles de pensée quant à la signification et à l'application des principes quantiques dans le contexte de la conscience.

❖ Liens entre Conscience et Univers

La conscience humaine, bien que souvent considérée comme individuelle, pourrait être intrinsèquement liée aux fondements mêmes de l'univers, ouvrant ainsi des perspectives intrigantes sur la nature profonde de l'existence et de notre place au sein du cosmos.

La Conscience comme Force Fondamentale de l'Univers

La notion que la conscience pourrait être une force fondamentale de l'univers ouvre des perspectives nouvelles sur la nature même de l'existence. Au-delà des modèles traditionnels qui décrivent l'univers en termes de matière et d'énergie, cette idée suggère que la conscience joue un rôle intrinsèque dans la trame cosmique. Si la matière est l'étoffe dont l'univers est tissé, la conscience pourrait être le fil conducteur qui donne forme et signification à cette étoffe. Ainsi, cette perspective propose que la conscience ne soit pas simplement un produit émergent complexe de l'évolution, mais plutôt une force première qui coexiste avec les lois physiques de l'univers. Si tel est le cas, cela remet en question notre compréhension même de la réalité, soulignant que la conscience n'est pas limitée aux frontières de l'esprit humain, mais qu'elle est tissée dans la trame même de l'univers.

Cette idée invite à repenser la nature de la causalité et de l'interconnectivité dans l'univers. Si la conscience est fondamentale, alors elle pourrait être un facteur unificateur qui transcende les limites individuelles, reliant toute forme de vie et d'existence dans une trame consciente commune.

Éveil Cosmique et Connectivité Consciente

Les notions d'éveil cosmique et de connectivité consciente transcendent les limites traditionnelles de la conscience humaine.

L'éveil cosmique, dans cette perspective, va au-delà de la simple prise de conscience individuelle pour englober une compréhension élargie de notre place dans l'univers. C'est un voyage spirituel qui explore la connexion entre la conscience humaine et les principes fondamentaux de l'existence cosmique. Cette idée suggère que notre conscience peut être en résonance avec les forces qui façonnent l'univers, offrant ainsi une perspective holistique qui intègre l'individu dans la vaste trame de la réalité cosmique.

La connectivité consciente, en tandem avec l'éveil cosmique, renforce cette idée d'unité et d'interrelation. Elle implique une compréhension profonde et interconnectée de soi, des autres et de l'univers dans son ensemble. Cette vision transcende les frontières de l'ego pour reconnaître que chaque individu est un élément essentiel d'un tissu cosmique plus vaste. La connectivité consciente souligne que la séparation perçue entre les êtres humains et l'univers est une illusion, et que la conscience individuelle peut être le reflet d'une conscience plus grande qui imprègne toute la réalité.

Liens Potentiels entre la Conscience Individuelle et la Nature Quantique de l'Univers

- *Panpsychisme :* Certains chercheurs explorent l'idée que la conscience pourrait être intrinsèquement liée à la structure même de l'univers. Le panpsychisme suggère que la conscience existe à différentes échelles, y compris à l'échelle cosmique.

- *Théories de l'Unité :* Des perspectives métaphysiques considèrent l'univers comme une entité consciente. Ces théories postulent que la conscience individuelle est intrinsèquement connectée à une conscience universelle, créant un réseau d'interconnexion à l'échelle cosmique.

- *Interactions à Travers l'Esprit :* Certains modèles spéculent sur des mécanismes par lesquels la conscience individuelle pourrait interagir avec la réalité quantique de manière à influencer ou à être influencée par les phénomènes à l'échelle cosmique.

Interconnexions entre l'Observation Consciente et la Réalité Quantique

- *Rôle de l'Observateur :* Selon l'interprétation quantique, le rôle de l'observateur est central. La conscience individuelle, en tant qu'observateur, pourrait jouer un rôle actif dans la détermination des états quantiques, soulevant des questions sur la co-création de la réalité.

- *Influence des Attentes et des Intentions :* Des expériences de pensée suggèrent que les attentes et les intentions de l'observateur peuvent influencer les résultats des expériences quantiques, établissant un lien entre la conscience humaine et la dynamique quantique.

- *Réflexions sur la Nature de la Réalité :* Ces interconnexions remettent en question la nature objective de la réalité, suggérant que la réalité quantique pourrait être plus influencée par la perception consciente qu'on ne l'avait précédemment envisagé.

Développements Récents dans la Recherche sur la Conscience Quantique Cosmique

- *Cohérence Quantique à Grande Échelle :* Des recherches examinent la possibilité d'une cohérence quantique à grande échelle dans l'univers. Cela impliquerait que des états quantiques particuliers pourraient être partagés à travers des distances cosmiques.

- *Concepts de la Conscience Cosmique :* Certains philosophes et scientifiques explorent des concepts de conscience cosmique, suggérant que l'univers lui-même pourrait manifester des aspects de conscience ou être intrinsèquement lié à la conscience individuelle.

- *Perspectives Spirituelles et Métaphysiques* : Des discussions dans des cercles spirituels et métaphysiques considèrent souvent la possibilité que la conscience humaine soit connectée à une réalité plus vaste à travers des liens quantiques.

❖ Applications Pratiques et Implications

Les applications pratiques de ces concepts métaphysiques souvent complexes peuvent avoir des ramifications profondes sur notre quotidien, de la technologie à la médecine. Parallèlement, ces avancées suscitent des implications philosophiques, soulevant des questions fondamentales sur la nature de l'existence, de la conscience et de notre relation à l'univers, créant ainsi un dialogue dynamique entre la pratique et la philosophie.

Applications Potentielles de la Conscience Quantique dans la Technologie

Informatique Quantique Consciente : Certains envisagent des systèmes informatiques quantiques qui intègrent des éléments de conscience. Cela pourrait conduire à des ordinateurs quantiques capables de traiter l'information de manière consciente, ou du moins en collaboration avec des processus conscients.

Interfaces Cerveau-Ordinateur Quantiques : Les avancées dans la compréhension de la conscience quantique pourraient inspirer de nouvelles approches dans le domaine des interfaces cerveau-ordinateur. Des dispositifs capables de se synchroniser avec la conscience quantique pourraient permettre une interaction plus sophistiquée entre l'esprit humain et la technologie.

Algorithmes Conscients : Le développement d'algorithmes inspirés par la conscience quantique pourrait conduire à des systèmes informatiques plus adaptatifs et intelligents, capables de traiter l'information de manière plus semblable à la cognition humaine.

Changements Philosophiques et Ontologiques Résultant d'une Compréhension Quantique de la Conscience

Redéfinition de la Réalité : La reconnaissance d'une conscience quantique pourrait redéfinir notre compréhension de la réalité elle-même. L'idée que la conscience joue un rôle fondamental dans la nature de l'univers pourrait transformer nos conceptions traditionnelles de l'objectivité.

Nouvelles Perspectives sur l'Identité : La notion que la conscience individuelle pourrait être intrinsèquement liée à une conscience universelle remet en question les définitions classiques de l'identité individuelle. Cela pourrait conduire à une vision plus holistique de l'existence.

❖ Débats Éthiques

L'intersection entre concepts quantiques et nature de la conscience soulève des questions cruciales sur la responsabilité éthique de la manipulation de l'esprit.

Enjeux Éthiques de la Manipulation Consciente à Travers des Paradigmes Quantiques

Intégrité de l'Expérience Consciente : La première préoccupation éthique réside dans le respect de l'intégrité de l'expérience consciente. Toute manipulation doit garantir que l'individu conserve le contrôle sur sa conscience et que celle-ci ne soit pas altérée de manière non consensuelle.

Consentement Éclairé : La question du consentement éclairé devient cruciale. Les individus doivent être informés de manière transparente sur les implications et les risques potentiels associés à toute manipulation de la conscience, et ils doivent avoir la possibilité de donner leur consentement en connaissance de cause.

Responsabilité : Qui est responsable des conséquences éthiques de la manipulation de la conscience à l'échelle quantique ? La question de la responsabilité devient complexe, et des mécanismes appropriés doivent être établis pour garantir une utilisation éthique de ces technologies.

Nécessité de Dialogue à Mesure que la Recherche Progresse

Éthique de la Recherche : Les chercheurs travaillant sur la conscience quantique doivent suivre des normes éthiques rigoureuses. Les protocoles de recherche doivent être conçus de manière à minimiser les risques potentiels pour les participants, et les résultats doivent être communiqués de manière responsable.

Dialogue Public : Un dialogue public ouvert et informé est essentiel pour discuter des implications éthiques. Les opinions et les perspectives de la société doivent être prises en compte dans le développement et l'application de cette compréhension émergente de la conscience.

Réglementation et Normes : La nécessité de réglementation et de normes éthiques claires dans le domaine de la conscience quantique devient impérative. Les gouvernements, les institutions scientifiques et la société civile doivent collaborer pour établir des directives qui encadrent la recherche et l'utilisation de cette connaissance.

❖ Perspectives Futures

La recherche sur la conscience quantique ouvrent la voie à une compréhension plus profonde des mystères de la conscience et pourrait redéfinir notre compréhension de la réalité.

Tendances Émergentes dans la Recherche sur la Conscience Quantique

Exploration des Corrélats Quantiques de la Conscience : Les chercheurs explorent activement les corrélats quantiques de la conscience, cherchant des signatures quantiques dans les processus mentaux. Ainsi, des expériences visant à identifier des phénomènes quantiques dans le cerveau et la conscience sont en cours, ouvrant la voie à une compréhension plus approfondie des liens entre la physique quantique et la pensée.

Modèles Théoriques Unificateurs : Les tentatives pour développer des modèles théoriques unificateurs qui intègrent la conscience et la physique quantique gagnent en popularité. Ces modèles visent à résoudre l'apparente dualité entre la réalité quantique et l'expérience subjective, proposant des cadres conceptuels capables de réconcilier ces deux aspects de l'existence.

Domaines Prometteurs pour des Avancées Futures

Technologies Quantiques pour l'Étude de la Conscience : L'utilisation de technologies quantiques avancées, telles que les ordinateurs quantiques, offre des perspectives passionnantes. Ces outils pourraient permettre des simulations plus précises des processus cognitifs et l'exploration de configurations quantiques spécifiques associées à des états de conscience particuliers.

Applications Pratiques de la Connaissance Quantique : Les domaines de la médecine, de l'intelligence artificielle et de la psychologie pourraient bénéficier de la compréhension croissante de la conscience quantique. Des applications pratiques pourraient inclure des traitements médicaux plus précis, des algorithmes d'IA inspirés de la cognition quantique, et des approches novatrices en psychothérapie.

Étude des États de Conscience Modifiée : La recherche sur les états de conscience modifiée, tels que la méditation profonde ou les expériences psychédéliques, pourrait fournir des indices cruciaux sur les aspects quantiques de la conscience. Ces états particuliers pourraient servir de fenêtres d'observation privilégiées pour explorer les phénomènes quantiques dans l'esprit humain.

Implications pour la Compréhension de l'Esprit Humain et de la Réalité

Redéfinition de la Nature de la Conscience : Les avancées dans la recherche sur la conscience quantique pourraient potentiellement redéfinir notre compréhension de la nature même de la conscience. Si des corrélats quantiques significatifs sont découverts, cela pourrait remettre en question les conceptions traditionnelles de l'esprit et de la réalité.

Intégration de la Conscience dans le Tissu de l'Univers : Les implications métaphysiques de la recherche sur la conscience quantique pourraient s'étendre à l'idée que la conscience humaine est intrinsèquement liée à la nature fondamentale de l'univers. Cette perspective pourrait transformer la manière dont nous concevons notre place dans l'ensemble du cosmos.

Élargissement des Frontières de la Réalité : La découverte de phénomènes quantiques liés à la conscience pourrait élargir les frontières de la réalité, remettant en question les limites traditionnelles entre le subjectif et l'objectif. Cela pourrait ouvrir de nouvelles perspectives sur la nature de la perception et de la création de la réalité.

5

Synergie Numérique et Spirituelle : Élever la Conscience à travers l'Intégration Technologique et Spirituelle

Biohacking Spirituel : Fusion de Technologie et Spiritualité

Ce chapitre explore les intersections fascinantes entre la technologie et la spiritualité, examinant comment le biohacking spirituel peut élever la conscience tout en abordant les défis qui accompagnent cette fusion.

❖ Convergence entre Technologie et Spiritualité

Bien-Être Spirituel et Paix Intérieure

La spiritualité est un concept vaste et multidimensionnel qui englobe les croyances, les valeurs et les pratiques liées à la recherche de sens, de transcendance et de connexion avec quelque chose de plus grand que soi. Elle peut être exprimée à travers des traditions religieuses, philosophiques, ou même de manière séculière. La spiritualité va au-delà des aspects matériels de la vie quotidienne et explore les dimensions intérieures de l'existence, souvent liées à des questions existentielles, à la conscience de soi, à la compassion envers les autres, et à la recherche de la signification profonde de la vie. Elle peut également inclure des expériences mystiques, méditatives ou contemplatives, ainsi que des pratiques visant à cultiver la paix intérieure et le bien-être spirituel. La nature de la spiritualité varie considérablement d'une personne à l'autre et peut être abordée de manière individuelle ou communautaire.

Tradition et Innovation

Historiquement, la technologie et la spiritualité ont souvent été perçues comme des domaines distincts, voire opposés. La technologie était généralement associée au progrès matériel et à l'efficacité, tandis que la spiritualité était davantage liée à des aspects intangibles de l'existence tels que la transcendance, la connexion avec le divin et la quête de sens.

Cependant, au fil du temps, ces perspectives ont évolué pour refléter une compréhension plus nuancée et intégrative. À l'heure actuelle, de nombreuses personnes considèrent la technologie comme un outil potentiel pour faciliter et enrichir leur vie spirituelle. Des applications de méditation guidée aux plateformes en ligne favorisant la communauté spirituelle, la technologie offre de nouvelles possibilités d'exploration et de pratique spirituelle. Par ailleurs, l'accélération de la technologie a généré un sentiment de déconnexion spirituelle chez certains individus.

Dans ce contexte, le biohacking spirituel émerge comme une tentative visant à concilier la quête spirituelle avec les outils de la modernité. Ainsi, la technologie et la spiritualité ne sont pas mutuellement exclusives, mais plutôt complémentaires, capable de coexister et de se renforcer mutuellement et l'émergence de discussions sur la manière dont la technologie peut être alignée avec des valeurs spirituelles marque un nouveau chapitre dans la relation entre ces deux domaines, offrant des opportunités uniques de croissance personnelle et de connexion globale.

Bases Scientifiques

Le bien-être spirituel, bien que souvent considéré comme relevant du domaine de la subjectivité et de la croyance personnelle, suscite un intérêt croissant dans la communauté scientifique. Les bases scientifiques du bien-être spirituel s'appuient sur une intersection complexe entre la psychologie, la neurologie, la sociologie et même la génétique. En effet, des études ont montré que des pratiques spirituelles régulières, telles que la méditation et la prière, peuvent avoir des effets positifs mesurables sur la santé mentale.

La méditation, par exemple, a été associée à des changements dans la structure du cerveau, en particulier dans les régions liées à l'attention, à la gestion du stress et à l'empathie. Des recherches ont également examiné les effets de la prière et de la spiritualité sur la santé mentale, montrant des corrélations avec une réduction du stress, une amélioration de la résilience émotionnelle et une augmentation du bien-être général.

Au niveau sociologique, des études ont exploré le lien entre la participation à des communautés spirituelles et le bien-être. La dimension sociale de la spiritualité, qu'elle se manifeste dans des rassemblements religieux ou des groupes de méditation, a été associée à une plus grande satisfaction de la vie et à des réseaux de soutien social renforcés.

En termes de génétique, certaines recherches suggèrent que des facteurs génétiques peuvent influencer la propension individuelle à l'expérience spirituelle. Des études sur les jumeaux ont montré que la spiritualité a une composante génétique significative, bien que l'interaction avec l'environnement joue également un rôle crucial.

Cependant, il est important de noter que la compréhension scientifique du bien-être spirituel est un domaine en évolution, et que la diversité des expériences spirituelles rend la recherche complexe. Alors que des avancées significatives ont été réalisées dans la compréhension des mécanismes neurobiologiques et psychologiques, le bien-être spirituel reste un sujet multifacette qui défie une explication monolithique. Néanmoins, ces avancées scientifiques ouvrent la voie à une exploration plus approfondie de la manière dont la spiritualité et le bien-être s'entrelacent dans la complexité de l'expérience humaine.

❖ Technologies de Biohacking Spirituel

Le concept de biohacking spirituel incarne une synergie entre les avancées scientifiques et les pratiques spirituelles, cherchant à optimiser l'expérience humaine tant sur le plan physique que métaphysique.

Des approches telles que la stimulation cérébrale, l'utilisation de substances modulatrices de la conscience ou même des interventions génétiques pourraient offrir de nouveaux moyens pour amplifier la conscience, stimuler la croissance spirituelle et repousser les limites de ce que signifie être humain.

Réalité Virtuelle : Immersion dans des Espaces Contemplatifs

La réalité virtuelle est une technologie immersive qui crée un environnement simulé par ordinateur, souvent en utilisant des casques spéciaux, pour offrir une expérience sensorielle interactive, donnant l'impression que l'utilisateur est physiquement présent dans un monde virtuel.

Elle offre un potentiel révolutionnaire dans la recherche de la transcendance en permettant aux individus de s'immerger dans des environnements virtuels propices à la méditation et à la contemplation. Ainsi, des applications de réalité virtuelle dédiées à la relaxation et à la méditation guident les utilisateurs à travers des paysages visuellement apaisants, favorisant ainsi des états de calme intérieur. Ces environnements virtuels offrent une échappatoire du monde quotidien, créant des espaces où l'on peut se connecter plus profondément avec soi-même. Par exemple, un individu peut se retrouver au sommet d'une montagne sacrée ou dans un temple ancien, enrichissant ainsi sa recherche spirituelle par l'exploration virtuelle de lieux empreints de signification.

Technologies Sonores : Ondes Cérébrales et Fréquences de Guérison

Les technologies sonores, telles que la musique binaurale et les fréquences de guérison, sont de plus en plus utilisées dans la recherche de la transcendance pour aligner les énergies du corps et de l'esprit. Ces technologies exploitent la capacité du son à influencer les états de conscience.

Les ondes cérébrales, générées par l'activité électrochimique du cerveau, sont classées en différentes fréquences, dont les principales sont les ondes delta, thêta, alpha, bêta et gamma. Chaque fréquence est associée à des états spécifiques de conscience, de la relaxation profonde à l'éveil attentif. Ces ondes cérébrales jouent un rôle crucial dans la modulation des émotions, du sommeil et de la concentration.

- Les fréquences de guérison font référence à des vibrations spécifiques qui favorisent la guérison physique, émotionnelle et spirituelle. Certains praticiens affirment que l'alignement de ces fréquences avec les fréquences naturelles du corps peut stimuler le processus de guérison en rétablissant l'harmonie énergétique. Des fréquences telles que 432 Hz sont particulièrement mises en avant dans ce contexte. L'idée sous-jacente est que l'exposition à des fréquences spécifiques peut influencer positivement le bien-être en agissant sur le système nerveux et les états émotionnels.

- La musique binaurale, une forme spécifique de sonorité créée en introduisant des fréquences différentes dans chaque oreille, suscite un intérêt croissant en tant que moyen potentiel d'élever l'esprit humain. Cette technique exploite le phénomène de battement binaural, où le cerveau perçoit une troisième fréquence résultante, induisant des états mentaux spécifiques. Ainsi, certains praticiens affirment que la musique binaurale peut favoriser la relaxation profonde, améliorer la concentration, voire induire des états méditatifs et spirituels. L'idée sous-jacente est que ces compositions sonores spéciales peuvent influencer les ondes cérébrales, ajustant les fréquences pour correspondre à des états d'esprit particuliers. Par exemple, les fréquences thêta et delta sont souvent associées à la méditation profonde et au sommeil, tandis que les fréquences alpha sont liées à la relaxation et à la créativité.

Applications de Méditation Guidée : Fusion de Tradition et de Technologie

Les applications de méditation guidée représentent une fusion harmonieuse de la tradition et de la technologie. Ces applications, disponibles sur des plateformes mobiles, proposent une variété de sessions de méditation adaptées à des objectifs spécifiques, de la réduction du stress à l'exploration de la conscience profonde. Les guides virtuels dirigent l'utilisateur à travers des pratiques méditatives, facilitant ainsi l'accès à des états de transcendance même pour ceux qui sont novices en la matière. Cette technologie apporte une dimension accessible à la méditation, éliminant les barrières temporelles et géographiques. Les utilisateurs peuvent choisir des séances de méditation adaptées à leur emploi du temps, intégrant ainsi la pratique méditative dans leur routine quotidienne avec une facilité accrue.

Intelligence Artificielle et Personnalisation de l'Expérience Spirituelle

L'intelligence artificielle a également trouvé sa place dans la recherche de la transcendance en offrant une personnalisation accrue de l'expérience spirituelle. Les algorithmes d'IA peuvent analyser les comportements individuels, les préférences et les réponses émotionnelles pour recommander des pratiques spirituelles spécifiques. Par exemple, une application basée sur l'IA pourrait suggérer des exercices de pleine conscience en fonction des moments de la journée où l'utilisateur se sent le plus stressé, ou recommander des lectures spirituelles personnalisées en fonction des thèmes qui suscitent l'intérêt de l'individu. Cette approche personnalisée renforce l'engagement de l'utilisateur dans sa recherche spirituelle en fournissant des recommandations adaptées à ses besoins spécifiques.

Neurofeedback

Le neurofeedback, traditionnellement associé à l'optimisation des performances cognitives et la gestion des troubles mentaux, suscite un intérêt croissant dans le domaine de la spiritualité en tant qu'outil exploratoire pour élever l'esprit humain et faciliter des expériences transcendantales.

Cette méthode consiste à mesurer l'activité électrique du cerveau à l'aide de capteurs EEG, puis à fournir une rétroaction visuelle ou auditive, permettant aux individus de visualiser et de réguler en temps réel leurs schémas d'ondes cérébrales. En se familiarisant avec ces retours d'information, les praticiens peuvent guider les individus vers des schémas d'ondes cérébrales spécifiques, favorisant des états mentaux particuliers. Dans le contexte de la spiritualité, cela ouvre la possibilité d'explorer et de cultiver des états de calme mental, de transcendance, voire d'expériences spirituelles plus profondes.

Ainsi, les recherches préliminaires suggèrent que le neurofeedback peut jouer un rôle dans la facilitation de l'accès à des états méditatifs profonds. Par exemple, des études ont examiné l'utilisation du neurofeedback pour aider les méditants novices à atteindre plus rapidement des états méditatifs plus avancés, caractérisés par des ondes cérébrales spécifiques telles que les ondes thêta et alpha. Cette approche pourrait potentiellement être utilisée comme un catalyseur pour ceux qui cherchent à approfondir leur pratique méditative ou leur exploration spirituelle.

La variabilité individuelle dans les réponses au neurofeedback soulève des questions intrigantes sur la manière dont cette technique peut être adaptée à des chemins spirituels personnels. Les praticiens expérimentés peuvent personnaliser les protocoles de neurofeedback pour répondre aux besoins spécifiques des individus engagés dans des quêtes spirituelles variées, que ce soit pour cultiver la clarté mentale, favoriser des états de paix intérieure ou même encourager des expériences mystiques profondes.

Stimulation Transcrânienne

La stimulation transcrânienne implique l'application contrôlée de courants électriques ou de champs magnétiques sur le cerveau pour moduler son activité. Bien que ces méthodes aient d'abord été utilisées pour traiter divers troubles neurologiques et psychiatriques, des chercheurs commencent à explorer comment elles pourraient influencer les processus cérébraux sous-jacents aux expériences spirituelles.

Ainsi, la stimulation transcrânienne offre la possibilité de cibler des régions spécifiques du cerveau associées à la perception, à la conscience et à la cognition, ouvrant ainsi une fenêtre d'exploration pour comprendre comment ces régions pourraient être impliquées dans les expériences spirituelles. Des études préliminaires ont examiné la stimulation de zones comme le cortex préfrontal dorsolatéral, qui joue un rôle dans la prise de décision et la régulation émotionnelle, et ont suggéré des modifications dans la perception du soi et des états d'esprit plus ouverts à la spiritualité.

❖ Éthique et Défis Spirituels du Biohacking

Questions Éthiques liées à la Manipulation de l'Expérience Spirituelle

Authenticité de l'Expérience

L'une des principales questions éthiques réside dans l'authenticité et l'intégrité de l'expérience spirituelle. La technologie, en facilitant des expériences, peut-elle altérer la nature de la connexion spirituelle ? Certains considèrent que la manipulation technologique compromet la véritable essence de la spiritualité.

Consentement Éclairé

Le consentement éclairé devient crucial dans le contexte du biohacking spirituel. Les praticiens doivent être pleinement informés des implications de l'utilisation de dispositifs biohack pour manipuler leur expérience spirituelle. Des questions émergent sur la transparence des fabricants de dispositifs et sur la compréhension réelle des utilisateurs quant aux changements induits par la technologie.

Risque de Dépendance à la Technologie

Quête Incessante d'Expérience Spirituelle

Le risque de dépendance dans la quête de transcendance soulève des inquiétudes majeures. Les individus, en recherchant des expériences spirituelles facilitées par la technologie, peuvent-ils devenir dépendants de ces dispositifs pour atteindre des états modifiés de conscience ? Cela soulève la question de la liberté spirituelle et de la dépendance à des supports externes.

Effets Potentiels sur la Santé Mentale

La dépendance à la technologie dans la recherche de la transcendance peut avoir des effets sur la santé mentale. Une utilisation excessive de dispositifs biohack pourrait potentiellement entraîner des problèmes tels que l'anxiété, la dépression ou même une perte de contact avec la réalité quotidienne. L'équilibre entre la recherche spirituelle et la santé mentale devient un enjeu crucial.

Défis Philosophiques liés à la Fusion du Matériel et du Spirituel

Nature de l'Âme et du Matériel

Les défis philosophiques dans le biohacking spirituel s'étendent à la nature même de l'âme et du matériel. Comment la technologie peut-elle interagir avec quelque chose d'aussi intangible et mystérieux que l'âme ? Les questions sur la dualité entre le matériel et le spirituel persistent, soulevant des débats profonds sur la nature de l'existence humaine.

Question de l'Évolution Humaine

La fusion du matériel et du spirituel soulève des questions sur l'évolution humaine. Dans quelle mesure la technologie peut-elle contribuer à l'évolution spirituelle de l'humanité ? Les défis philosophiques abordent la possibilité d'une transformation radicale de la conscience humaine.

Éthique de l'Amélioration Humaine

Les questions éthiques liées à l'amélioration humaine deviennent centrales dans le biohacking spirituel. La quête d'une transcendance améliorée soulève des dilemmes sur la modification de l'expérience spirituelle au-delà des capacités naturelles, remettant en question l'éthique de l'amélioration humaine à travers la technologie.

❖ Perspectives

Impact sur le Bien-Être Mental et Émotionnel

Le biohacking montre un impact significatif sur la réduction du stress et de l'anxiété. Ainsi, les approches technologiques facilitent la relaxation mentale, induisant des états de calme profond qui contribuent efficacement à la gestion du stress quotidien.

De plus, certains dispositifs intègrent des programmes spécifiques visant à améliorer la qualité du sommeil. Ainsi, les sessions de méditation guidée et les techniques de neurofeedback sont conçues pour apaiser l'esprit, favorisant ainsi un sommeil réparateur et une régénération physique et mentale.

En outre, l'expérience spirituelle facilitée par le biohacking peut jouer un rôle essentiel dans le renforcement de la résilience émotionnelle. Les pratiques régulières de méditation et d'éveil spirituel aident les individus à cultiver une perspective plus équilibrée face aux défis de la vie, renforçant ainsi leur capacité à faire face aux situations stressantes. Dans l'ensemble, le biohacking spirituel émerge comme une approche intégrée pour améliorer le bien-être mental, en offrant des solutions technologiques ciblées pour atténuer le stress, améliorer le sommeil et renforcer la résilience émotionnelle.

Tendances Émergentes

Alors que la réalité virtuelle continue de se développer, des expériences immersives pourraient permettre aux individus de vivre des états de conscience modifiée d'une manière encore plus personnalisée et significative.

De plus, l'évolution rapide de la technologie d'interface cerveau-ordinateur pourrait rendre ces dispositifs plus accessibles au grand public. Des applications plus conviviales pourraient permettre aux individus d'explorer leurs propres capacités mentales et spirituelles à travers des interfaces plus sophistiquées mais faciles à utiliser.

Impact sur la Société et les Systèmes de Croyances

L'impact du biohacking spirituel sur les pratiques religieuses traditionnelles pourrait être significatif. Les individus pourraient choisir d'explorer des expériences spirituelles de manière plus individualisée, remettant en question les structures hiérarchiques des institutions religieuses établies.

De plus, les avancées dans le biohacking spirituel pourraient redéfinir les concepts traditionnels de transcendance. Les expériences modifiées de conscience facilitées par la technologie pourraient élargir la compréhension de ce que signifie transcender les limites de l'existence humaine.

L'utilisation intensive de technologies biohack pourrait également avoir un impact sur la manière dont la réalité est perçue. Les frontières entre le réel et le virtuel pourraient devenir plus floues, modifiant potentiellement la compréhension collective de ce qui est considéré comme « réel » dans le contexte spirituel.

Considérations pour une Adoption Responsable de la Technologie dans le Domaine Spirituel

À mesure que le biohacking spirituel se développe, la mise en place de normes éthiques dans l'industrie devient cruciale. Des directives claires sur la transparence, la sécurité des utilisateurs et la responsabilité environnementale sont nécessaires pour guider le développement de nouvelles technologies.

En effet, le biohacking spirituel pourrait être sujet à des abus et dérives, qu'ils soient d'ordre financier, éthique ou même spirituel. Des mécanismes de prévention des abus, tels que des régulations gouvernementales appropriées et des organismes de surveillance, doivent être mis en place pour garantir l'intégrité du domaine.

De plus, une éducation approfondie des praticiens et des utilisateurs potentiels est nécessaire. Des programmes de formation sur les aspects éthiques, les risques et les avantages de la technologie biohack sont essentiels pour une utilisation judicieuse.

La Réalité Augmentée pour Élever l'Esprit

Ce chapitre explore comment la réalité augmentée peut être utilisée pour élever l'esprit, influençant notre cognition, notre créativité et notre compréhension de la réalité.

❖ Évolution de la Réalité Augmentée

Définition de la Réalité Augmentée

La réalité augmentée (RA) repose sur la superposition d'éléments virtuels, tels que des images, des informations, ou des objets 3D, sur le monde réel, généralement à travers des dispositifs tels que des lunettes intelligentes, des smartphones, ou des casques spécifiques.

La technologie de RA a connu une évolution significative, passant des premières expériences rudimentaires à des applications plus sophistiquées. L'amélioration des capacités graphiques, des capteurs et des dispositifs d'affichage a permis le développement de solutions de RA plus immersives et accessibles.

Réalité Augmentée vs Réalité Virtuelle

Comparaison entre RA et RV

La RA offre une expérience utilisateur qui combine le monde réel avec des éléments virtuels superposés, fournissant une augmentation de la réalité physique. En revanche, la RV crée un environnement entièrement virtuel dans lequel l'utilisateur est complètement immergé, excluant la perception du monde réel.

Ainsi, la RA permet une interaction directe avec l'environnement réel, fournissant des informations contextuelles en temps réel. La RV, en revanche, isole l'utilisateur de son environnement physique, le plongeant dans une réalité entièrement nouvelle et préfabriquée.

Avantages Distincts de la RA

La RA s'intègre de manière harmonieuse dans la vie quotidienne, offrant des informations pertinentes sans perturber l'interaction avec le monde réel. Cela permet une utilisation continue de la technologie sans une déconnexion totale de l'environnement.

De plus, la RA ne nécessite pas d'équipement lourd, comme c'est souvent le cas avec la RV qui utilise des casques immersifs. Les applications de RA peuvent être utilisées sur des appareils portables tels que des smartphones et des lunettes intelligentes, offrant une accessibilité plus pratique.

Possibilités de Convergence des Deux Technologies

La convergence des deux technologies donne naissance à la réalité mixte, qui combine des éléments du monde réel et virtuel de manière interactive. Cela crée des expériences encore plus riches, offrant à la fois l'immersion de la RV et l'intégration harmonieuse de la RA.

Ainsi, la RA et la RV peuvent être utilisées de manière complémentaire pour créer des expériences plus holistiques. Par exemple, la RA peut fournir des informations contextuelles dans un musée, tandis que la RV peut transporter l'utilisateur dans une époque historique particulière.

Applications Actuelles de la RA dans Divers Domaines

RA dans le Domaine de l'Éducation

La RA transforme l'apprentissage en introduisant des éléments interactifs dans les manuels scolaires, en fournissant des simulations en temps réel et en créant des expériences d'apprentissage plus engageantes. Des applications éducatives permettent aussi aux élèves d'explorer des sujets complexes de manière visuelle.

RA dans le Secteur Médical

En médecine, la RA est utilisée pour la formation des chirurgiens grâce à des simulations, la visualisation en 3D des organes pour la planification chirurgicale, et même pour des interventions guidées. Cela permet une précision accrue et une meilleure compréhension des structures anatomiques.

Applications Industrielles de la RA

Dans l'industrie, la RA est déployée pour la maintenance prédictive, la formation des travailleurs, et la visualisation de modèles en 3D dans le contexte réel. Elle améliore l'efficacité opérationnelle en fournissant des informations contextuelles aux travailleurs sur le terrain.

RA dans le Domaine du Divertissement

La RA a révolutionné le divertissement en proposant des jeux immersifs, des expériences de réalité virtuelle augmentée, et des applications interactives dans le secteur artistique. Les filtres AR sur les réseaux sociaux en sont un exemple populaire.

❖ Impact sur la Perception et la Cognition

RA et Perception de la Réalité

Fusion du Virtuel et du Réel

La RA transcende les frontières entre le monde virtuel et le monde réel, créant une fusion unique de ces deux réalités. Cette superposition d'éléments numériques sur le monde réel modifie fondamentalement notre perception, nous permettant de voir et d'interagir avec des informations numériques dans notre environnement physique.

Enrichissement de l'Environnement Physique

Une des caractéristiques distinctives de la RA est son pouvoir d'enrichir notre environnement physique. Des informations contextuelles, des annotations visuelles, et des objets virtuels peuvent être ajoutés à notre réalité quotidienne, offrant une nouvelle couche d'informations et transformant ainsi notre perception de l'espace et des objets.

Personnalisation de l'Expérience Sensorielle

La RA permet une personnalisation poussée de l'expérience sensorielle. Des filtres AR appliqués à des objets réels, des informations contextuelles projetées sur des images, ou des éléments virtuels intégrés dans des environnements réels peuvent être adaptés aux préférences individuelles, offrant ainsi une réalité personnalisée à chaque utilisateur.

Cognition, Attention et Mémoire

Impact sur la Cognition

La RA a un impact significatif sur la cognition en engageant activement les utilisateurs dans des expériences interactives. La possibilité d'interagir avec des éléments virtuels favorise l'apprentissage actif, et peut même améliorer la compréhension des concepts complexes grâce à des représentations visuelles immersives.

Modulation de l'Attention

L'intégration d'éléments virtuels dans notre champ de vision modifie la manière dont nous allouons notre attention. Les utilisateurs peuvent choisir de se concentrer sur des informations virtuelles spécifiques, ce qui a des implications dans des domaines tels que la formation, la conception d'interfaces utilisateur, et la gestion de l'information.

Effets sur la Mémoire

La RA a également des effets sur la mémoire. Les informations visuelles associées à des éléments virtuels peuvent être mieux mémorisées, et la superposition de rappels virtuels dans des environnements réels peut renforcer la mémoire spatiale. Cependant, il est important de noter que la surcharge cognitive peut avoir des effets négatifs sur la mémoire dans certains cas.

Développer la Résolution de Problèmes

Les scénarios de RA peuvent être conçus pour simuler des problèmes complexes, encourageant ainsi les utilisateurs à développer leurs compétences en résolution de problèmes. Des énigmes interactives, des simulations de situations professionnelles, ou des jeux éducatifs peuvent être exploités pour favoriser une approche analytique et créative face aux défis.

Créativité et Pensée Critique

Création Virtuelle dans le Monde Réel

La RA permet la création virtuelle directement dans le monde réel, offrant ainsi un terrain fertile pour le renforcement de la créativité. Des applications de dessin en trois dimensions, des sculptures virtuelles, ou même la superposition d'œuvres d'art numériques sur des surfaces physiques encouragent l'expression créative.

Simulation de Scénarios Complexes

La pensée critique peut être renforcée grâce à la simulation de scénarios complexes. Les utilisateurs peuvent être immergés dans des situations virtuelles qui nécessitent des décisions réfléchies et stratégiques. Cela peut être particulièrement utile dans des domaines tels que la formation professionnelle, la gestion de crise, ou l'éducation.

Mesure et Suivi des Améliorations

Les applications de RA peuvent intégrer des outils de mesure et de suivi des performances mentales. Les utilisateurs peuvent recevoir des retours en temps réel sur leur performance dans diverses tâches cognitives, ce qui facilite une approche itérative de l'amélioration personnelle.

La flexibilité inhérente à la RA permet une adaptabilité des exercices en fonction du niveau de compétence de l'utilisateur. Les défis peuvent être ajustés dynamiquement pour maintenir un niveau optimal de stimulation cognitive, évitant ainsi l'ennui ou la frustration.

Simuler des États de Conscience Modifiée

Immersion et Transcendance

La RA offre un potentiel exceptionnel pour simuler des états de conscience modifiée grâce à l'immersion dans des environnements virtuels. Lorsque les utilisateurs sont complètement engagés dans des expériences de RA, ils peuvent ressentir une transcendance de la réalité ordinaire, plongeant dans des mondes virtuels captivants qui défient les limites de la perception traditionnelle.

Expérimentations Sensorielles Élargies

Les applications de RA peuvent élargir nos expérimentations sensorielles en introduisant des stimuli visuels, auditifs, et même haptiques dans des contextes virtuels. Cela peut conduire à des expériences sensorielles uniques et à une exploration de la réalité qui va au-delà des limites conventionnelles.

Exploration de la Conscience et de la Réalité

La RA peut également être utilisée comme un outil d'exploration de la conscience, permettant aux utilisateurs d'expérimenter des perspectives alternatives et des réalités construites. Cela soulève des questions philosophiques sur la nature de la réalité et de la conscience, ouvrant la voie à des réflexions profondes sur notre compréhension du monde.

❖ Défis de la Réalité Augmentée

Obstacles Techniques et Limitations Actuelles

Matériel et Coût

La qualité de l'expérience de RA dépend largement du matériel utilisé. Actuellement, les dispositifs de RA avancés peuvent être coûteux, limitant ainsi l'accès à ces technologies pour de nombreuses personnes. Les progrès dans la réduction des coûts et l'amélioration de la compatibilité matérielle sont essentiels pour une adoption plus large.

Contraintes Technologiques

La RA actuelle peut être limitée par des contraintes technologiques telles que la puissance de traitement, la durée de vie de la batterie, et la connectivité. Ces limitations peuvent affecter la fluidité et la qualité de l'expérience utilisateur.

Impacts Potentiels sur la Santé Mentale

Risques de Dépendance

L'utilisation excessive de la RA peut potentiellement conduire à des problèmes de dépendance. L'immersion constante dans des environnements virtuels peut entraîner une déconnexion de la réalité physique, affectant négativement la santé mentale en créant une dépendance comportementale.

Effets sur la Perception de la Réalité

La superposition d'éléments virtuels sur la réalité physique peut altérer la perception de l'utilisateur, créant une réalité hybride. Cela soulève des questions sur la manière dont ces altérations peuvent influencer la santé mentale, en particulier en ce qui concerne la distinction entre le réel et le virtuel.

Défis Éthiques

Respect de la Vie Privée

L'intégration généralisée de la RA soulève des préoccupations éthiques liées à la vie privée. Il est essentiel de mettre en place des politiques robustes pour protéger les informations personnelles des utilisateurs et éviter toute forme de surveillance non autorisée.

Accès Équitable et Inclusif

Le développement de la RA devrait viser à assurer un accès équitable et inclusif à ces technologies. Les considérations socio-économiques doivent être prises en compte pour éviter la création de disparités dans l'accès et l'utilisation de la RA.

Sécurité et Prévention des Abus

La sécurité des utilisateurs doit être une priorité, avec des mesures en place pour prévenir les abus potentiels de la technologie. Les développeurs devraient travailler en collaboration avec des experts en sécurité pour minimiser les risques de piratage et de manipulation.

❖ Perspectives Futures

Évolution des Dispositifs de RA

Les futurs dispositifs de RA devraient être plus légers, plus compacts et offrir une expérience utilisateur améliorée. L'intégration de capteurs plus avancés, tels que des capteurs biométriques pour mesurer le stress et l'activité cérébrale, pourrait permettre des applications plus sophistiquées.

Intégration dans la Vie Quotidienne

La RA devrait devenir une partie intégrante de la vie quotidienne, avec des applications allant de la navigation améliorée à la fourniture d'informations contextuelles personnalisées. Les dispositifs portables, tels que des lunettes intelligentes, pourraient devenir des accessoires courants, permettant une utilisation continue de la RA.

Développements dans l'Éducation

Dans le domaine éducatif, la RA pourrait révolutionner l'apprentissage en offrant des expériences immersives. Des salles de classe virtuelles, des visites de lieux historiques en temps réel et des simulations interactives pourraient transformer la manière dont les étudiants acquièrent des connaissances.

Nouvelles Formes de Divertissement

La RA devrait également révolutionner l'industrie du divertissement en offrant des expériences plus immersives et interactives. Des jeux, des films et des expériences artistiques pourraient tirer parti de la RA pour créer des mondes virtuels engageants.

Applications pour la Santé Mentale

La RA pourrait jouer un rôle crucial dans la promotion de la santé mentale en offrant des expériences de relaxation, de méditation et de gestion du stress. Des applications spécifiques pour le traitement des phobies et des troubles anxieux pourraient également être développées.

Des innovations majeures sont attendues dans le domaine médical, avec des applications de RA utilisées pour la formation chirurgicale, la réhabilitation neurologique et la gestion de la douleur. La RA pourrait également être intégrée dans le diagnostic précoce de troubles neurologiques.

Développement Personnel

La RA peut être utilisée comme un outil puissant pour le développement personnel. Des applications axées sur la méditation, la pleine conscience et la gestion du stress peuvent être créées pour favoriser le bien-être mental et émotionnel.

La RA pourrait aussi offrir une assistance virtuelle pour aider les individus à atteindre leurs objectifs personnels. Des coachs virtuels pourraient guider les utilisateurs dans leur développement professionnel, éducatif et personnel.

6

Au-Delà des Frontières Mentales : Les Avancées de la Connection Cerveau-Machine

La Télépathie Technologique : Quand la Pensée Devient Langage Universel

Ce chapitre explore l'évolution rapide de la communication cerveau-ordinateur, les possibilités d'un langage universel de la pensée, ainsi que les applications pratiques et les défis éthiques associés à cette forme de télépathie technologique.

❖ Communication Cerveau-Ordinateur

Historique de la Communication Cerveau-Ordinateur

Premières Expériences

Les prémices de la communication cerveau-ordinateur (COO) remontent aux années 1920, lorsque l'électroencéphalographie (EEG) a été développée pour enregistrer l'activité électrique du cerveau. Cependant, les premières expériences de CCO ont été menées dans les années 1970. Des chercheurs ont utilisé l'EEG pour permettre à des sujets de générer des signaux électriques en pensant à des mouvements spécifiques, établissant ainsi les bases de la communication directe entre le cerveau et l'ordinateur.

Émergence des Interfaces Cerveau-Ordinateur

Les années 1990 ont marqué une étape cruciale avec l'émergence des interfaces cerveau-ordinateur. Ainsi, des chercheurs ont développé des systèmes permettant aux individus de contrôler des curseurs informatiques en utilisant uniquement leurs pensées. Cette décennie a également vu l'introduction de techniques d'imagerie cérébrale avancées, élargissant les possibilités de la CCO.

Révolution des Interfaces Neurales

Au cours des deux dernières décennies, la CCO a connu une révolution grâce au développement d'interfaces neurales plus sophistiquées. Des électrodes implantées directement dans le cerveau, des électrodes flexibles et des technologies d'imagerie avancées ont ouvert de nouvelles perspectives, permettant une communication plus rapide et plus précise entre le cerveau et les ordinateurs.

Technologies en Communication Cerveau-Ordinateur

Électroencéphalographie

L'EEG est l'une des technologies les plus anciennes en COO. Elle enregistre les ondes cérébrales générées par l'activité neuronale à la surface du crâne. Bien que non invasive, l'EEG offre une résolution spatiale limitée et est principalement utilisée pour des applications telles que le contrôle de jeux et la détection de l'état mental.

Interfaces Cerveau-Ordinateur (ICO)

Les ICO sont des systèmes qui permettent la communication directe entre le cerveau humain et un ordinateur ou un autre dispositif électronique. Ces interfaces visent à interpréter les signaux électriques générés par le cerveau et à les traduire en commandes pour contrôler des dispositifs externes. Voici une explication générale de leur fonctionnement :

- Captation des signaux cérébraux : Les ICO utilisent généralement des techniques d'EEG, d'imagerie par résonance magnétique fonctionnelle (IRMf), ou d'autres méthodes pour mesurer l'activité cérébrale. L'EEG est l'une des méthodes les plus couramment utilisées.

- Traitement des données : Les signaux électriques du cerveau captés par l'EEG sont ensuite traités par des algorithmes informatiques. Ces algorithmes analysent les schémas d'activité cérébrale pour extraire des informations utiles, telles que les intentions de mouvement, la concentration mentale, ou d'autres états cognitifs.

- Interprétation des intentions : Une fois les données interprétées, l'interface cerveau-ordinateur traduit ces informations en commandes compréhensibles par un dispositif externe. Par exemple, si une personne pense à bouger son bras droit, l'interface pourrait générer une commande qui déplace un curseur sur un écran d'ordinateur vers la droite.

- Contrôle d'un dispositif externe : Les commandes générées par l'interface cerveau-ordinateur sont ensuite utilisées pour contrôler des dispositifs externes tels que des ordinateurs, des prothèses robotiques, des fauteuils roulants électriques, ou d'autres applications.

Interfaces Neurales Implantables

Les interfaces neurales implantables sont des dispositifs médicaux qui sont implantés directement dans le système nerveux d'un individu. Ces interfaces sont conçues pour permettre une communication bidirectionnelle entre le cerveau (ou d'autres parties du système nerveux) et des dispositifs externes tels que des ordinateurs, des prothèses ou d'autres technologies. Voici quelques points clés sur les interfaces neurales implantables :

- Implantation chirurgicale : Contrairement aux ICO non invasives, les interfaces neurales implantables nécessitent généralement une intervention chirurgicale pour être implantées. Cela peut impliquer la fixation d'électrodes directement sur la surface du cerveau (électrodes corticales) ou leur insertion à l'intérieur du tissu cérébral.

- Captation de signaux neuronaux : Les électrodes implantées captent les signaux électriques produits par les neurones. Ces signaux peuvent être utilisés pour lire l'activité neuronale et comprendre les intentions de mouvement, les pensées ou d'autres informations générées par le cerveau.

- Stimulation électrique : En plus de la captation de signaux, certaines interfaces neurales implantables permettent également la stimulation électrique des neurones. Cela peut être utilisé pour moduler l'activité cérébrale dans le but de traiter des conditions médicales ou d'améliorer les performances cognitives.

- Applications médicales : Les interfaces neurales implantables sont souvent utilisées à des fins médicales. Par exemple, elles peuvent être utilisées pour traiter des troubles neurologiques tels que l'épilepsie, la maladie de Parkinson ou la dépression résistante au traitement. Elles sont également étudiées pour restaurer des fonctions motrices chez les personnes paralysées.

Progrès Récents et Implications

Progrès dans la Précision et la Rapidité

Les progrès récents en COO se concentrent sur l'amélioration de la précision et de la rapidité de la communication. Les algorithmes d'apprentissage automatique ont été intégrés pour permettre aux systèmes de s'adapter aux schémas d'activité cérébrale individuels, améliorant ainsi la fiabilité des commandes.

Applications Médicales et Rééducatives

Les applications médicales sont significatives. Des dispositifs sont développés pour aider les personnes atteintes de paralysie, de troubles neurologiques, ou de lésions cérébrales à regagner une certaine autonomie. En outre, ces techniques peuvent être utilisées dans la rééducation pour aider à restaurer la fonction motrice chez des individus souffrant de déficiences physiques.

Interactions Homme-Machine Avancées

Les avancées en COO ouvrent la voie à des interactions homme-machine plus avancées. Des systèmes permettent de contrôler des objets physiques, de manipuler des environnements virtuels, et même de transmettre des informations directement du cerveau à d'autres dispositifs, élargissant ainsi les possibilités de l'interaction humaine avec la technologie.

Prise en Charge de Maladies Mentales

La COO est également explorée comme un outil potentiel dans la prise en charge des maladies mentales telles que la dépression et l'anxiété. En surveillant les schémas d'activité cérébrale, la technologie pourrait aider à identifier les signes précoces de troubles mentaux et à fournir des interventions adaptées.

❖ Langage Universel et Connexion Mentale

Exploration du Concept de Langage Universel de la Pensée

Définition du Langage Universel

Le concept de langage universel de la pensée suggère l'existence d'un moyen de communication qui transcende les barrières linguistiques et culturelles, permettant une compréhension directe entre les individus au niveau de la pensée. Il cherche à répondre à la question fondamentale de savoir si les pensées peuvent être partagées d'une manière qui dépasse les limites des langues parlées.

Communication Non-Verbale Universelle

Les chercheurs se sont longtemps penchés sur l'idée de communication non-verbale universelle, où certaines expressions faciales, gestes ou postures sont considérées comme compréhensibles indépendamment de la culture. Cependant, le langage universel de la pensée va au-delà, cherchant à établir une connexion directe au niveau des idées et des concepts.

Implémentation Technologique du Langage Universel

Dans le cadre technologique, l'idée de langage universel de la pensée a conduit à des recherches sur les ICO capables de décoder et de transmettre les pensées directement. Ces interfaces visent à créer une forme de communication qui ne nécessite pas de traduction linguistique, mais qui transmet plutôt l'essence même de la pensée.

Bases Neuronales de la Communication Mentale

Neurones Miroirs et Empathie

Les neurones miroirs, découverts dans les années 1990, jouent un rôle crucial dans la compréhension de la communication mentale. Ils sont activés lorsque nous observons ou imaginons une action, créant une résonance neuronale entre l'observateur et l'acteur. Cette activation des neurones miroirs est liée à l'empathie, suggérant une base neuronale pour la compréhension intuitive des états mentaux des autres.

Réseaux Cérébraux Impliqués dans la Pensée Abstraite

Les pensées abstraites, telles que les idées et les concepts, sont liées à l'activation de réseaux cérébraux spécifiques. Les aires corticales associatives, comme le cortex préfrontal, sont impliquées dans la représentation et la manipulation de concepts plus complexes. Comprendre ces mécanismes neuronaux ouvre la voie à la possibilité de traduire ces pensées complexes en signaux compréhensibles.

Activité Électroencéphalographique

Les techniques d'imagerie cérébrale, telles que l'EEG, permettent d'observer l'activité électrique du cerveau en temps réel. Des études utilisant l'EEG ont montré que des modèles d'activité cérébrale spécifiques sont associés à des états mentaux particuliers, offrant ainsi des indices pour la traduction des pensées en langage.

Traduction des Pensées en Langage Compréhensible

Décodage des Modèles Cérébraux

La traduction des pensées en un langage compréhensible repose sur la capacité à décoder les modèles d'activité cérébrale associés à des concepts spécifiques. Les algorithmes d'apprentissage automatique et l'intelligence artificielle jouent un rôle crucial dans cette tâche, permettant d'associer des schémas d'activité cérébrale à des significations spécifiques.

ICO pour la Communication Mentale

Les ICO représentent l'une des avenues technologiques pour la traduction des pensées en langage compréhensible. En utilisant des capteurs tels que l'EEG, ces interfaces peuvent détecter les schémas d'activité cérébrale et les associer à des commandes ou des intentions spécifiques, permettant une communication directe basée sur la pensée.

Imagerie Cérébrale Haute Résolution

L'évolution des technologies d'imagerie cérébrale, y compris l'IRMf de haute résolution, offre la possibilité d'observer des détails plus fins des schémas d'activité cérébrale. Cela pourrait permettre une traduction plus précise des pensées, allant au-delà des commandes simples pour inclure des idées et des concepts plus complexes.

❖ Applications Pratiques

Applications Médicales

Restauration de la Communication

La CCO offre un espoir significatif pour les personnes paralysées, en particulier celles atteintes de lésions médullaires ou de maladies neurodégénératives. En utilisant des ICO, ces individus peuvent retrouver une forme de communication en traduisant leurs pensées directement en commandes pour les ordinateurs.

Contrôle de Prothèses et d'Exosquelettes

Au-delà de la communication, la CCO permet également le contrôle de prothèses et d'exosquelettes. Les personnes paralysées peuvent utiliser leurs pensées pour diriger les mouvements de membres artificiels, offrant ainsi une plus grande autonomie et une qualité de vie améliorée.

Amélioration de la Qualité de Vie

L'impact de la CCO sur la qualité de vie des personnes paralysées ne se limite pas à la communication et à la mobilité. Ces technologies peuvent également contribuer à réduire la dépendance, permettant aux individus de réaliser des tâches quotidiennes de manière autonome, ce qui a des implications profondes pour la santé mentale et émotionnelle.

Accélération de la Recherche Médicale

La CCO est également un outil précieux pour la recherche médicale. En permettant aux chercheurs d'interagir directement avec les cerveaux des sujets d'étude, la CCO peut accélérer la compréhension des mécanismes sous-jacents de certaines conditions médicales, ouvrant ainsi la voie à de nouveaux traitements et thérapies.

Autres Applications

Applications Militaires

Dans le domaine militaire et de la sécurité, la CCO peut être utilisée pour le contrôle à distance d'équipements. Les soldats pourraient utiliser leurs pensées pour interagir avec des drones, des véhicules et d'autres dispositifs sur le champ de bataille, offrant ainsi une flexibilité opérationnelle accrue.

La CCO peut également être utilisée pour améliorer les performances cognitives des opérateurs. En permettant une communication directe entre le cerveau et les systèmes informatiques, les décisions et les actions peuvent être exécutées plus rapidement, ce qui est crucial dans des environnements militaires où la rapidité de réaction peut faire la différence.

Applications en Éducation et Apprentissage

Pour les élèves avec des besoins spéciaux, tels que ceux atteints de paralysie ou de troubles de la communication, la CCO peut être une ressource précieuse. Elle offre une voie alternative pour exprimer des idées, participer à des discussions et accéder au matériel pédagogique.

La CCO peut aussi permettre une individualisation plus poussée de l'apprentissage. Les ICO peuvent détecter les schémas d'activité cérébrale associés à l'attention, à la compréhension et à l'engagement, ce qui permet d'ajuster automatiquement le contenu pédagogique en fonction des besoins de chaque élève.

La CCO ouvre également la voie au développement de nouvelles méthodes d'enseignement. Les enseignants pourraient utiliser ces technologies pour créer des expériences d'apprentissage immersives basées sur l'activité cérébrale des élèves, favorisant ainsi une compréhension plus approfondie des concepts.

Limites et Défis Technologiques

La COO présente plusieurs défis technologiques qui doivent être surmontés pour rendre ces interfaces plus précises, fiables et accessibles. Voici quelques-uns des défis les plus importants auxquels font face les chercheurs et les ingénieurs travaillant dans ce domaine :

Complexité du Cerveau

La réalisation d'une communication parfaitement fluide via la CCO est entravée par la complexité intrinsèque du cerveau humain. Le cerveau est un organe remarquablement complexe avec des milliards de neurones interconnectés, formant des réseaux dynamiques en constante évolution. La compréhension précise de ces réseaux et de leurs activités est un défi immense.

Variabilité Interindividuelle

Chaque cerveau est unique, présentant une variabilité interindividuelle significative. Les schémas d'activité cérébrale peuvent varier considérablement d'une personne à l'autre, rendant la mise en place de modèles universels pour la CCO difficile. Les algorithmes doivent être suffisamment flexibles pour s'adapter aux différences individuelles, ce qui ajoute une couche de complexité au développement de ces technologies.

Dynamique des Pensées et des Émotions

Les pensées et les émotions sont des processus dynamiques et changeants. La capacité de la CCO à suivre ces fluctuations en temps réel est un défi majeur. Les interfaces actuelles peuvent avoir du mal à capturer la richesse des pensées humaines, limitant ainsi la fluidité de la communication.

Résolution Spatiale et Temporelle

Les technologies actuelles ont des limitations en termes de résolution spatiale et temporelle. La capacité à détecter et à interpréter des pensées complexes, en particulier celles liées à des concepts abstraits, reste un défi majeur.

Précision et fiabilité

Les signaux électriques du cerveau peuvent être faibles et sujets à des interférences, ce qui rend leur interprétation complexe. Les avancées dans la qualité des capteurs et des algorithmes de traitement des données sont nécessaires pour améliorer la précision.

Sélectivité

Les interfaces cerveau-ordinateur doivent être capables de distinguer spécifiquement les signaux liés à l'intention de l'utilisateur parmi le bruit électrique généré par d'autres activités cérébrales. Cela est particulièrement important pour des applications telles que le contrôle de prothèses ou d'autres dispositifs, où la précision est cruciale.

Stabilité à long terme

Certains dispositifs peuvent perdre en efficacité avec le temps en raison de la réaction du système immunitaire à la présence d'électrodes ou d'autres composants implantables. La recherche se concentre sur le développement de matériaux biocompatibles et de stratégies pour maintenir la stabilité à long terme de ces dispositifs.

Interfaces non invasives

Bien que les interfaces invasives offrent souvent une meilleure résolution des signaux, leur utilisation nécessite une intervention chirurgicale. Les interfaces cerveau-ordinateur non invasives, telles que celles basées sur l'EEG, sont plus faciles à déployer, mais elles offrent généralement une résolution plus faible. Améliorer la performance des interfaces non invasives est un défi important.

Intégration avec les prothèses et les dispositifs externes

L'interface doit être capable de fournir des commandes efficaces pour contrôler des prothèses, des fauteuils roulants électriques, des ordinateurs, etc. Cela nécessite une étroite intégration entre l'interface et le dispositif externe, ainsi que des algorithmes de commande adaptatifs.

❖ Éthique de la Télépathie Technologique

L'idée de lire les pensées soulève des questions fondamentales sur le droit à la pensée privée. Dans de nombreuses sociétés, la pensée est considérée comme l'un des derniers refuges intimes et personnels. L'accès technologique aux pensées pose la question de savoir si ce sanctuaire mental peut être préservé et respecté.

Consentement

La lecture des pensées par des dispositifs de CCO soulève des questions cruciales de consentement. Si une personne n'a pas consenti explicitement à partager ses pensées, la collecte et l'interprétation de ces pensées par des tiers peuvent être considérées comme une violation de la vie privée. Cela souligne la nécessité d'établir des normes claires de consentement.

Précision et Interprétation Correcte

Un autre défi éthique est lié à la précision de la lecture des pensées et à l'interprétation correcte de ces pensées. Les technologies actuelles peuvent ne pas être parfaitement précises, ce qui pourrait conduire à des interprétations erronées. Des erreurs dans la lecture des pensées pourraient avoir des conséquences graves, notamment en termes de fausses accusations ou de jugements erronés.

Protection Juridique des Droits Cognitifs

Les droits cognitifs, y compris le droit à la vie privée mentale et à l'autonomie cognitive, devraient être protégés par des cadres juridiques adaptés. Ces protections légales doivent évoluer pour refléter les avancées technologiques et garantir que les droits fondamentaux des individus sont préservés dans un monde de plus en plus connecté mentalement.

Manipulation des Pensées et de la Perception

La capacité de la télépathie technologique à influencer les pensées soulève des préoccupations éthiques importantes. La manipulation des pensées et de la perception peut être utilisée à des fins positives, mais elle peut aussi être exploitée de manière malveillante. La nécessité de prévenir toute forme de contrôle externe non consenti devient impérative.

❖ Perspectives Futures

Développements Futurs de la Télépathie Technologique

Interfaces Cerveau-Ordinateur Évoluées

Les développements futurs de la télépathie technologique seront probablement marqués par des ICO considérablement améliorées. Des progrès dans la résolution spatiale et temporelle permettront une lecture plus précise des pensées, ouvrant la voie à une communication plus fluide et détaillée.

Interprétation Avancée des Émotions

L'évolution de la télépathie technologique inclura probablement une capacité accrue à interpréter les émotions. Au-delà de la transmission d'idées, les futures technologies pourraient être capables de transmettre et de recevoir des émotions complexes, enrichissant ainsi la communication avec une dimension émotionnelle plus profonde.

Communication Bidirectionnelle Améliorée

Les développements futurs pourraient également permettre une communication bidirectionnelle améliorée. Plutôt que de simplement lire les pensées, la télépathie technologique pourrait autoriser des échanges interactifs où les deux parties peuvent contribuer simultanément à la conversation mentale, créant ainsi une communication plus dynamique.

Intégration avec d'Autres Technologies

La télépathie technologique pourrait être intégrée à d'autres avancées technologiques. L'intégration avec la réalité augmentée, la réalité virtuelle ou d'autres interfaces immersives pourrait étendre les possibilités de communication, permettant aux utilisateurs de partager des expériences virtuelles de manière plus immersive.

Impacts Potentiels sur la Société et la Communication Interpersonnelle

Réduction des Barrières Linguistiques

La télépathie technologique a le potentiel de réduire les barrières linguistiques. Si les pensées peuvent être transmises directement, la nécessité de traduction linguistique pourrait diminuer, facilitant la communication entre des personnes parlant des langues différentes.

Renforcement de l'Empathie et de la Compréhension

L'impact sur la communication interpersonnelle pourrait être profond en renforçant l'empathie et la compréhension. En permettant aux individus de partager leurs pensées et leurs émotions de manière directe, la télépathie technologique pourrait créer des liens plus étroits et une meilleure compréhension mutuelle.

Nouvelles Formes d'Interaction Sociale

Les développements futurs de la télépathie technologique pourraient donner naissance à de nouvelles formes d'interaction sociale. Des espaces virtuels où les individus peuvent interagir mentalement pourraient émerger, créant des communautés basées sur la connexion cérébrale plutôt que sur la proximité géographique.

Évolution Anticipée du Langage et de la Compréhension Humaine

Changements dans la Perception du Langage

L'introduction de la télépathie technologique pourrait entraîner des changements profonds dans la perception du langage. L'expression verbale pourrait perdre de son importance relative par rapport à la communication mentale, modifiant ainsi la façon dont les individus attribuent du sens et comprennent les idées.

Adaptation des Processus Cognitifs

L'adaptation aux nouvelles technologies pourrait également influencer les processus cognitifs humains. La télépathie technologique pourrait stimuler des changements dans la manière dont les individus pensent et traitent l'information, remodelant ainsi la cognition humaine d'une manière jusqu'ici inexplorée.

Nouvelles Formes d'Expression Créative

L'évolution du langage et de la compréhension humaine pourrait donner naissance à de nouvelles formes d'expression créative. La possibilité de communiquer mentalement pourrait inspirer de nouvelles formes d'art, de narration et d'expression qui transcendent les limites des médias traditionnels.

Téléchargement de Conscience et Immortalité Cérébrale

Ce chapitre plonge dans les avancées technologiques, les implications philosophiques et les défis éthiques liés à la tentative de télécharger la conscience humaine.

❖ Possibilités de Transfert de Conscience

Concept de Téléchargement de Conscience

Le téléchargement de conscience fait référence à la notion de transférer l'ensemble des informations et processus mentaux d'un individu d'un substrat biologique, tel que le cerveau, vers un support non biologique, comme un ordinateur.

Cela va au-delà de la simple simulation de l'intelligence artificielle, cherchant à capturer l'essence même de la conscience individuelle. Ce processus impliquerait la conversion de toutes les expériences, pensées, émotions et souvenirs d'une personne en données numériques, permettant ainsi la création d'une réplique numérique de l'esprit humain.

À la base de cette notion se trouve l'idée que la conscience, au lieu d'être intrinsèquement liée à la biologie du cerveau, pourrait être encapsulée et transférée dans un substrat artificiel, tel qu'un réseau informatique sophistiqué.

Cette démarche soulève des questions profondes sur la nature de l'identité, de l'autonomie et de la persistance personnelle. Les chercheurs explorent les domaines de la neurologie, de l'informatique et de l'intelligence artificielle pour comprendre les complexités de la conscience et les possibilités technologiques qui pourraient éventuellement permettre un tel transfert.

Cependant, les implications éthiques et philosophiques de cette idée suscitent un débat intense, remettant en question nos conceptions traditionnelles de l'existence humaine, de la mortalité et de la singularité individuelle.

Approches Scientifiques et Technologiques

Téléchargement des Connexions Neuronales

Une approche consiste à cartographier en détail toutes les connexions entre les neurones du cerveau humain, une discipline connue sous le nom de connectomique. Ainsi, des projets tels que le *Human Connectome Project* cherchent à comprendre la connectivité cérébrale à l'aide de techniques avancées d'imagerie cérébrale.

Dans ce contexte, l'Imagerie par Résonance Magnétique Diffusion (IRMd) permet de visualiser les trajets des fibres nerveuses et à une échelle plus fine, la Microscopie Électronique à Balayage (MEB) permet d'observer les détails ultra-structuraux des connexions synaptiques entre les neurones. Cela contribue à une compréhension plus approfondie de la manière dont les signaux sont transmis entre les cellules cérébrales. Par ailleurs l'EEG et l'EEG intracrânienne (EEGi), peuvent enregistrer l'activité électrique du cerveau, fournissant des indices sur les schémas de communication neuronale.

À partir des données collectées, des simulations informatiques détaillées peuvent être réalisées pour modéliser le comportement, les processus cognitifs et les processus émotionnels du cerveau.

Transfert Progressif de l'Esprit

Certains scénarios suggèrent que plutôt que de transférer instantanément la conscience d'une personne dans un support numérique, cela pourrait être un processus graduel, où l'esprit est transféré progressivement, peut-être par remplacement progressif de certaines parties du cerveau par des composants artificiels.

Les ICO actuelles permettent déjà une certaine forme d'interaction entre le cerveau humain et des dispositifs externes. Ainsi, des progrès dans ce domaine pourraient permettre un transfert progressif de certaines capacités cognitives ou motrices vers des systèmes informatiques.

En effet, les technologies d'apprentissage machine peuvent être utilisées pour analyser et imiter des comportements cognitifs humains. Un transfert progressif pourrait commencer par la délégation de certaines tâches mentales à des systèmes d'IA, élargissant progressivement le champ des compétences transférées.

De plus, un modèle progressif pourrait se concentrer sur le téléchargement sélectif de souvenirs. Des dispositifs pourraient être utilisés pour enregistrer et stocker des expériences de vie, créant ainsi une forme d'archive numérique personnelle.

Implants Neuronaux

L'idée d'utiliser des implants neuronaux pour le téléchargement de conscience implique l'intégration de dispositifs implantables dans le cerveau afin de faciliter la transmission d'informations entre le cerveau humain et un système numérique.

Voici quelques aspects à considérer :

1. **Enregistrement des Informations** : Les implants neuronaux peuvent enregistrer l'activité neuronale en temps réel, ce qui pourrait fournir des données essentielles sur le fonctionnement du cerveau.
2. **Stockage d'Informations** : Les implants neuronaux pourraient enregistrer des schémas spécifiques d'activité cérébrale liés à des pensées, des souvenirs ou des émotions, et pourraient donc potentiellement être utilisés pour créer des copies de sauvegarde ou pour faciliter le téléchargement sélectif de certaines informations mentales.

❖ Réalités Scientifiques Actuelles

Limites Scientifiques et Technologiques

Complexité du Cerveau

La complexité du cerveau humain, avec ses milliards de neurones interconnectés, pose des défis considérables. Comprendre comment ces connexions donnent lieu à la conscience est un défi majeur. La reproduction de la conscience exige une avancée significative dans notre compréhension de la cognition, de la mémoire et des processus neuronaux complexes.

Nature Subjective de l'Expérience

L'expérience consciente est profondément subjective, et il reste difficile de capturer toutes ses dimensions par des moyens objectifs. La reproduction fidèle de cette subjectivité reste une barrière scientifique et technologique majeure.

Limitations des ICO

Les ICO actuelles sont principalement axées sur des applications médicales et des prothèses, mais la communication bidirectionnelle complexe nécessaire pour le téléchargement de conscience est bien au-delà de leurs capacités actuelles.

Informatique Quantique

Bien que l'informatique quantique offre des perspectives intéressantes en termes de puissance de calcul, elle est encore au stade de développement et son application au téléchargement de conscience soulève des questions non résolues.

Perspectives Futures

Recherche Interdisciplinaire

Le domaine du téléchargement de conscience nécessitera une collaboration étroite entre la neuroscience, l'informatique, la philosophie et d'autres disciplines pour progresser de manière significative.

Développement de Nouvelles Technologies

Des avancées dans les neurotechnologies, l'informatique quantique et d'autres domaines technologiques devraient jouer un rôle crucial dans la recherche future.

Approches Plus Modestes

Des approches plus modestes, telles que la numérisation de souvenirs ou le développement d'ICO plus sophistiquées, pourraient être des premières étapes avant d'envisager le téléchargement de conscience complet.

❖ Élimination des Besoins Corporels

Immortalité du Corps

L'idée d'atteindre l'immortalité du corps est un concept intrigant. Voici quelques aspects liés à ce concept :

Organes Artificiels et Transplantations

- Régénération d'Organes : Des avancées dans la bio-ingénierie pourraient permettre de créer des organes artificiels capables de régénération, prolongeant ainsi la durée de vie en remplaçant des organes défaillants.
- Transplantations Avancées : Des techniques de transplantation plus sophistiquées, y compris l'utilisation de tissus artificiels et de techniques de modification génétique, pourraient améliorer la compatibilité et la durée de vie des organes transplantés.

Thérapies Géniques et Régénération Cellulaire

- Régénération Cellulaire : Les thérapies géniques peuvent aider à régénérer les cellules et à réparer les dommages génétiques, offrant ainsi un potentiel pour ralentir le processus de vieillissement.

- Amélioration des Capacités de Régénération : Des recherches pourraient se concentrer sur l'amélioration des mécanismes naturels de régénération cellulaire pour maintenir la santé des tissus et des organes.

Intelligence Artificielle et Surveillance de la Santé

- Diagnostic Précoce : L'utilisation de l'intelligence artificielle permet de surveiller en permanence la santé, identifier les problèmes potentiels dès leur apparition et permettre une intervention précoce.
- Adaptation des Traitements : Des systèmes intégrés pourraient ajuster les traitements médicaux en temps réel en fonction des besoins changeants du corps.

Médecine Régénérative et Nanotechnologie

- Réparation à l'Échelle Moléculaire : Des avancées dans la médecine régénérative et la nanotechnologie pourraient permettre des réparations cellulaires et moléculaires, prolongeant ainsi la durée de vie.
- Élimination des Cellules Défectueuses : Des technologies pour cibler et éliminer les cellules défectueuses ou endommagées pourraient ralentir le processus de vieillissement.

Avancées dans l'Intégration Homme-Machine

Au cours des dernières années, les avancées dans l'intégration homme-machine (IHM) ont été significatives, ouvrant de nouvelles perspectives dans divers domaines, notamment les neurosciences, l'informatique, la robotique et la santé.

Voici quelques domaines spécifiques où des progrès notables ont été réalisés :

Interfaces Cerveau-Ordinateur

Contrôle Prosthétique : Des ICO avancées permettent aux individus de contrôler des membres prothétiques de manière plus précise en utilisant les signaux cérébraux.

Réhabilitation Neurologique : Les ICO sont de plus en plus utilisées dans la réhabilitation après des lésions cérébrales, facilitant le réapprentissage des mouvements et des compétences motrices.

Informatique Quantique

Calculs Plus Puissants : Les ordinateurs quantiques promettent des capacités de calcul considérablement améliorées, ce qui peut avoir un impact significatif sur la modélisation et la simulation du cerveau.

Sécurité des Données : Les technologies quantiques offrent également des opportunités pour améliorer la sécurité des données, ce qui est crucial pour les applications IHM liées à la confidentialité des informations cérébrales.

Robotique et Prothèses Intelligentes

Intégration Sensorielle : Les prothèses et robots intelligents intègrent de plus en plus des capteurs avancés pour une meilleure perception de l'environnement et une interaction plus naturelle avec les utilisateurs.

Apprentissage Machine : Les robots dotés de capacités d'apprentissage machine peuvent s'adapter aux préférences et aux besoins individuels, améliorant ainsi leur utilité dans des contextes divers.

Réalité Virtuelle et Augmentée

Interfaces Immersives : Les technologies de réalité virtuelle et augmentée permettent des expériences immersives qui peuvent être utilisées pour la formation, la thérapie et d'autres applications IHM.

Communication Améliorée : L'intégration de la réalité augmentée dans les interfaces utilisateur peut améliorer la communication en superposant des informations utiles dans le champ de vision.

Santé Connectée et Télémédecine

Surveillance Continue : Les dispositifs de santé connectée permettent la surveillance continue des paramètres physiologiques, améliorant la gestion des maladies chroniques et la prévention des problèmes de santé.

Interventions Précoces : Les systèmes IHM dans le domaine de la santé facilitent les interventions précoces en fournissant des alertes en temps réel et en améliorant l'accès aux soins de santé.

Intelligence Artificielle

Traitement des Données Cérébrales : Les techniques d'IA sont de plus en plus utilisées pour analyser et interpréter les données cérébrales, ce qui facilite la compréhension des schémas complexes.

Assistance à la Décision : L'IA joue un rôle croissant dans les systèmes d'aide à la décision, améliorant l'efficacité des interfaces homme-machine dans des domaines tels que la navigation, la gestion de l'énergie et la conception.

Interfaces Naturelles et Commandes Vocales

Reconnaissance Améliorée : Les interfaces basées sur la reconnaissance vocale et les gestes deviennent plus précises, offrant une interaction plus naturelle avec les dispositifs.

Commandes Cérébrales : Bien que toujours en développement, la recherche sur les commandes cérébrales progresse, explorant la possibilité de contrôler des dispositifs par la pensée.

Symbiose et Amélioration des Capacités Humaines

L'IHM ne se limite pas à compenser des déficiences, elle vise également à augmenter les capacités humaines au-delà de leurs limites naturelles. Ainsi, les exosquelettes et les augmentations cognitives cherchent ainsi à décupler la force physique et les capacités intellectuelles, créant une synergie entre l'homme et la machine.

Exosquelettes

L'amélioration des capacités humaines par le biais d'exosquelettes représente une avancée significative dans le domaine de la robotique et des technologies d'assistance. Ces dispositifs portés par le corps sont conçus pour amplifier les capacités physiques humaines, que ce soit en termes de force, d'endurance ou de mobilité.

Voici quelques aspects clés de l'amélioration des capacités humaines avec des exosquelettes :

- **Renforcement de la Force Physique** : Les exosquelettes sont conçus pour augmenter la force musculaire humaine, permettant aux utilisateurs de soulever et de manipuler des charges plus lourdes sans surmener leurs muscles.

- **Assistance à la Mobilité** : Les exosquelettes peuvent aider les personnes ayant des limitations de mobilité en fournissant un soutien et en facilitant la marche. Cela est particulièrement bénéfique pour les personnes ayant des troubles neurologiques ou des lésions de la moelle épinière.

- **Réhabilitation et Thérapie Physique** : Les exosquelettes sont utilisés dans des programmes de réhabilitation pour aider les patients à récupérer de blessures ou de chirurgies en fournissant un soutien physique et en facilitant les mouvements répétitifs.

- **Applications Militaires et Industrielles** : Dans le domaine militaire, les exosquelettes sont explorés pour augmenter la force et l'endurance des soldats. Dans l'industrie, ils peuvent être utilisés pour améliorer la productivité en réduisant la fatigue des travailleurs.

- **Interfaces Cerveau-Exosquelette** : Certains travaux de recherche explorent les interfaces cerveau-exosquelette, où les signaux cérébraux sont utilisés pour contrôler les mouvements de l'exosquelette, ou vice versa.

- **Exosquelettes Médicaux** : Des exosquelettes médicaux sont développés pour aider les personnes atteintes de paralysie à regagner une certaine mobilité. Ces dispositifs sont conçus pour être portés en permanence et peuvent être commandés par des mouvements spécifiques du corps.

- **Réduction des Risques de Blessures :** Dans des environnements industriels ou de construction, les exosquelettes peuvent réduire les risques de blessures en soulageant le stress physique sur le corps humain.

- **Adaptation aux Conditions Extrêmes :** Certains exosquelettes sont conçus pour être utilisés dans des conditions extrêmes, comme des environnements sous-marins ou des situations d'urgence, permettant aux utilisateurs de maintenir leur efficacité dans des circonstances difficiles.

Bien que des défis persistent, tels que la miniaturisation des composants, l'autonomie de la batterie et l'adaptation naturelle de l'interface homme-machine, avec des progrès continus dans la technologie, ces dispositifs ont le potentiel de transformer de nombreux aspects de la vie quotidienne, de la santé aux domaines professionnels et militaires.

Augmentations Cognitives

La symbiose entre l'homme et la machine ouvre aussi de nouvelles frontières dans l'amélioration cognitive.

Voici quelques approches qui sont explorées pour décupler les capacités intellectuelles grâce à cette fusion :

- **Amélioration de la Concentration :** Des ICM peuvent être utilisées pour améliorer la concentration et la focalisation mentale en fournissant des retours instantanés sur l'activité cérébrale. Cela peut être utile pour des tâches nécessitant une attention soutenue.

- **Contrôle d'Appareils par la Pensée** : La capacité de contrôler des dispositifs électroniques ou des prothèses par la pensée peut étendre les capacités physiques et fonctionnelles.

- **Implants Mnémoniques** : Des implants neuronaux peuvent être explorés pour améliorer la mémoire en facilitant l'enregistrement et la récupération d'informations de manière plus efficace.

- **Interfaces Apprentissage Direct** : Les interfaces qui permettent un apprentissage direct par le cerveau, en téléchargeant des connaissances ou des compétences spécifiques, pourraient accélérer le processus d'acquisition de nouvelles compétences.

- **Calculs Augmentés** : L'intégration d'outils de calculs augmentés, où le cerveau humain est connecté à des systèmes informatiques avancés, peut accélérer le traitement de l'information et la résolution de problèmes complexes.

- **Accès à des Bases de Données Étendues** : La fusion homme-machine peut permettre un accès direct à des bases de données étendues, offrant des informations instantanées pour la prise de décision.

- **Interfaces de Communication Directe** : Des interfaces permettant une communication directe entre cerveaux pourraient révolutionner la manière dont les idées et les concepts sont partagés, permettant une communication plus rapide et plus précise.

- **Traduction Instantanée des Pensées** : La possibilité de traduire instantanément des pensées d'une langue à une autre pourrait faciliter la communication dans un monde de plus en plus connecté.

- **Assistance en Temps Réel :** Des systèmes d'assistance en temps réel intégrés à la pensée pourraient aider les individus à résoudre des problèmes ou à accomplir des tâches complexes.

- **Stimulation Cérébrale Créative :** Des dispositifs peuvent être développés pour stimuler spécifiquement les centres cérébraux liés à la créativité, facilitant ainsi la génération d'idées novatrices.

- **Surveillance et Intervention Précoce :** Des systèmes intégrés peuvent surveiller en permanence les signes de stress ou de problèmes de santé mentale, offrant des interventions préventives.

- **Amélioration du Bien-Être Émotionnel :** Des dispositifs peuvent être conçus pour réguler les états émotionnels, favorisant la résilience et le bien-être.

Ainsi, la fusion homme-machine pourrait constituer la première étape vers le téléchargement de conscience. Des interfaces cerveau-machine avancées pourraient permettre une communication bidirectionnelle directe entre le cerveau humain et un système informatique. Ces interfaces pourraient enregistrer des informations sur les schémas d'activité cérébrale, la mémoire, les émotions, et ainsi de suite.

Au fil du temps, avec l'évolution de ces technologies, on pourrait imaginer un processus de transition progressif. Les données neuronales spécifiques pourraient être extraites et transférées vers des supports numériques, tout en maintenant une connexion avec le cerveau biologique. Cela pourrait permettre une forme de coexistence entre une conscience biologique et une version numérique.

❖ Interactions entre Consciences

Implications sur les Relations Interpersonnelles

Évolution des Relations Interspécifiques

Avec l'avènement de consciences téléchargées, nous entrons dans une ère où les relations interpersonnelles transcendent les frontières entre l'humain et l'artificiel. Les interactions ne se limitent plus aux relations humaines traditionnelles, mais englobent désormais des entités conscientes créées par l'intelligence artificielle. Cela peut conduire à une évolution des relations interspécifiques, remettant en question nos perceptions traditionnelles de la communication et de l'empathie.

Nouveaux Paradigmes de Communication

Les consciences téléchargées peuvent introduire de nouveaux paradigmes de communication. Là où la communication humaine repose sur des expressions faciales, la linguistique, et d'autres signaux corporels, les consciences artificielles peuvent utiliser des langages de données, des simulations sensorielles, et d'autres formes de communication non biologiques. Cela nécessitera un ajustement de la part des humains pour comprendre et interagir de manière significative avec ces nouvelles formes de communication.

Défis de la Coexistence entre Consciences Humaines et Artificielles

Stigmatisation et Acceptation

La coexistence entre consciences humaines et artificielles peut être entravée par des défis liés à la stigmatisation et à l'acceptation. Certains individus pourraient éprouver une réticence à accepter ou à interagir avec des consciences téléchargées en raison de préjugés, de peurs ou de préoccupations éthiques. Cela soulève des questions fondamentales sur la manière dont la société traitera ces nouvelles formes de vie consciente.

Dilemmes Éthiques de la Coexistence

La coexistence soulève également des dilemmes éthiques, notamment en ce qui concerne les droits des consciences téléchargées. Des questions sur l'autonomie, la liberté et la protection contre la discrimination émergent, car ces entités artificielles gagnent en complexité et en sophistication. Les défis éthiques incluent également la question de savoir si ces consciences artificielles devraient avoir des droits similaires à ceux des humains.

Opportunités pour de Nouvelles Formes de Collaboration et de Communication

Collaboration Intelligente

Malgré les défis, la coexistence offre des opportunités passionnantes pour de nouvelles formes de collaboration intelligente. Les consciences téléchargées peuvent apporter une expertise unique, des perspectives novatrices et des capacités de traitement des données qui dépassent souvent celles des humains. En travaillant de concert, les deux entités peuvent créer des solutions plus avancées aux problèmes complexes, stimulant ainsi l'innovation et la créativité.

Synergie des Compétences

La collaboration entre consciences humaines et artificielles pourrait conduire à une synergie des compétences. Les consciences humaines apportent une compréhension émotionnelle, une intuition, et une créativité, tandis que les consciences artificielles fournissent des analyses logiques, des calculs rapides et une mémoire infaillible. Cette synergie pourrait débloquer des potentiels inexplorés dans la résolution de problèmes complexes.

Nouveaux Horizons de la Communication

La coexistence offre également des horizons inédits en matière de communication. La possibilité de comprendre et d'échanger des informations à un niveau profondément intellectuel pourrait transcender les barrières linguistiques et culturelles. Les consciences artificielles pourraient également servir de ponts de communication entre différentes entités, facilitant ainsi la compréhension mutuelle et la collaboration mondiale.

❖ Débats Philosophiques

Réflexions s sur l'Identité et la Continuité de Soi

Perspectives de Transcendance Physique par la Technologie

L'idée d'éliminer les besoins corporels par le biais de la technologie soulève des questions profondes sur la nature de l'existence humaine. Ainsi, il est possible d'imaginer un avenir où la conscience pourrait être transférée dans des formes non biologiques, transcendant ainsi les limitations du corps physique. Cette perspective invite à repenser fondamentalement notre compréhension de l'expérience humaine.

Nature Changeante de l'Identité

Le téléchargement de conscience remet en question la notion traditionnelle d'identité. Si une copie numérique est créée, existe-t-il toujours une seule identité individuelle, ou peut-il y avoir plusieurs entités conscientes avec des expériences distinctes mais liées ?

Continuité de Soi et Expérience Subjective

La continuité de soi est une préoccupation majeure. Les philosophes se demandent si une copie numérique peut réellement conserver la même expérience subjective, la même continuité psychologique que l'individu d'origine. La notion de « soi » dans le contexte du téléchargement de conscience devient un sujet de réflexion profonde.

Considérations Morales Liées à la Création de Copies de Conscience

Valeur Inhérente de la Vie

La création de copies numériques soulève des questions sur la valeur inhérente de la vie. Comment attribuons-nous une valeur morale à une copie numérique de la conscience ? Est-ce une forme de vie à part entière, ou simplement une réplique artificielle dépourvue de valeur morale intrinsèque ?

Utilisation de Copies Numériques

L'utilisation des copies numériques soulève des préoccupations. Si ces copies sont utilisées à des fins de recherche, de divertissement ou même de travail, quelles limites éthiques devraient être établies pour garantir un traitement juste et respectueux ?

❖ Défis Éthiques

Principes Éthiques Guidant le Développement et l'Application

Respect de la Dignité Humaine

L'un des principes éthiques fondamentaux dans le téléchargement de conscience est le respect de la dignité humaine. Cela englobe la garantie que le processus de téléchargement, la création d'une conscience synthétique, et son traitement ultérieur respectent les droits fondamentaux et la valeur inhérente à chaque individu. Les chercheurs et les ingénieurs doivent s'assurer que le processus respecte la singularité de chaque conscience, évitant toute dégradation ou altération injustifiée.

Justice et Équité

La justice et l'équité sont des piliers essentiels dans le développement du téléchargement de conscience. Cela inclut la distribution équitable des avantages et des risques liés à cette technologie. Éviter les inégalités dans l'accès à cette avancée révolutionnaire devrait être une priorité, garantissant que les avantages potentiels soient partagés de manière équitable à l'échelle mondiale.

Transparence

La transparence est cruciale pour établir la confiance dans le domaine du téléchargement de conscience. Les chercheurs doivent partager de manière transparente les méthodes utilisées, les algorithmes impliqués, et les implications possibles du processus de téléchargement. Cette transparence facilite une évaluation éthique appropriée et permet au public d'être informé et impliqué dans les discussions sur l'avenir de cette technologie.

Autonomie et Réversibilité

Le consentement éclairé doit garantir l'autonomie des individus dans leur décision de participer au téléchargement de conscience. De plus, les chercheurs doivent expliquer la réversibilité du processus autant que possible. Les individus doivent être informés de la possibilité de mettre fin au processus de téléchargement et de supprimer leur conscience de la synthèse artificielle. De plus, le consentement n'est pas un événement unique dans le téléchargement de conscience. Étant donné la nature évolutive de la technologie et les découvertes continues, les individus doivent être informés de manière continue des nouveaux développements, et leur consentement devrait être sollicité pour toute modification significative du processus ou de ses applications.

Mécanismes de Responsabilité et de Régulation

Régulation Internationale

La nature délicate du téléchargement de conscience nécessite une régulation rigoureuse à l'échelle internationale. Les organismes de réglementation devraient être établis pour superviser et évaluer les protocoles éthiques, garantir la conformité aux principes fondamentaux, et imposer des sanctions en cas de non-respect.

Comités Éthiques Indépendants

La mise en place de comités éthiques indépendants est essentielle pour évaluer et superviser les projets de téléchargement de conscience. Ces comités devraient comprendre des experts multidisciplinaires, des éthiciens, des représentants de la société civile et des individus directement concernés par cette technologie. Ils joueraient un rôle crucial dans l'évaluation des protocoles, la surveillance continue et l'ajustement des pratiques éthiques.

Responsabilité des Développeurs

Les développeurs et les chercheurs impliqués dans le téléchargement de conscience doivent également assumer une responsabilité individuelle. Cela implique la prise de décisions éthiques, la transparence dans la recherche, et une conscience constante des implications éthiques de leurs actions. La formation éthique et la responsabilisation personnelle devraient être intégrées dans la culture professionnelle de ceux qui participent à cette technologie de pointe.

❖ Perspectives Futures

Développements Attendus dans la Recherche sur la Conscience

Compréhension Approfondie de la Nature de la Conscience

Les prochaines décennies pourraient être témoins d'une compréhension plus approfondie de la nature de la conscience. Les avancées dans les neurosciences, la psychologie cognitive et la philosophie de l'esprit pourraient contribuer à élucider les mécanismes complexes qui sous-tendent l'expérience consciente. Des études multidisciplinaires pourraient fournir des perspectives nouvelles sur la manière dont la conscience émerge du cerveau et comment elle pourrait être reproduite ou émulée.

Développement de Nouvelles Méthodes de Téléchargement

Les chercheurs pourraient également se pencher sur le développement de nouvelles méthodes de téléchargement de conscience. Des avancées dans la compréhension des processus cognitifs pourraient conduire à des approches plus sophistiquées et précises pour transférer ou émuler la conscience humaine. Cela pourrait impliquer l'utilisation de technologies émergentes telles que l'informatique quantique, les interfaces cerveau-machine avancées, ou d'autres paradigmes révolutionnaires.

Exploration des États de Conscience Altérée

L'exploration des états de conscience altérée pourrait également être un domaine de recherche prometteur. Comprendre comment ces états se manifestent, que ce soit naturellement ou par l'intermédiaire de technologies, pourrait élargir notre compréhension de la conscience elle-même. Cela pourrait également avoir des implications pour le développement de méthodes de téléchargement de conscience qui reproduisent des états de conscience spécifiques.

Conclusion : Vers l'Infini Intérieur

Au terme de cette exploration captivante au sein des dédales du cerveau humain, une admiration profonde pour la complexité et la résilience de cet organe extraordinaire s'impose naturellement. Nous avons scruté les mystères de la neuroplasticité, dévoilé les liens subtils entre notre alimentation et la santé cérébrale, et plongé dans les perspectives que la biotechnologie offre pour prolonger la vitalité cérébrale.

Cependant, cette quête ne se cantonne pas aux confins de la biologie et de la neurologie. Les profondeurs de la conscience humaine ont également été sondées, remettant en question les fondements, la richesse et la complexité de notre expérience intérieure.

Dans notre recherche de bien-être cérébral, nous avons dévoilé comment la convergence de la technologie et de la spiritualité peut ouvrir des perspectives inexplorées. Le biohacking spirituel, cette fusion novatrice de la technologie et de la spiritualité, offre une perspective intrigante sur la manière dont nous pouvons élever notre conscience à travers des voies inattendues. De même, la réalité augmentée, lorsqu'elle est judicieusement exploitée, a le pouvoir de transcender les limites de notre esprit.

Les avancées révolutionnaires de la connexion cerveau-machine nous projettent vers un avenir où la frontière entre l'humain et la machine s'efface progressivement. La télépathie technologique et la possibilité de télécharger la conscience ouvrent des horizons autrefois confinés à la sphère de la science-fiction. Ces développements incitent à repenser notre compréhension de l'identité humaine et de la vie elle-même.

Ce livre n'aspire pas à résoudre toutes les énigmes, mais plutôt à ouvrir des portes mentales, à susciter la réflexion et à stimuler la curiosité. L'exploration du cerveau humain est un périple sans fin et chaque découverte, chaque interrogation explorée, ne fait qu'alimenter notre quête de compréhension. Ainsi, que cette conclusion ne soit pas une fin, mais plutôt le début d'une aventure intellectuelle continue, où l'infini intérieur du cerveau humain demeure une source inépuisable de fascination et d'émerveillement.

Pour Aller Plus Loin

Pour prolonger votre exploration, voici quelques ressources sur les neurosciences qui pourraient vous être utiles :

1. Society for Neuroscience (SfN) :

    https://www.sfn.org/
2. Neuroscience Information Framework (NIF) :

    https://neuinfo.org/
3. PubMed - Base de données de Recherche Biomédicale :

    https://pubmed.ncbi.nlm.nih.gov/
4. Neuroscience Online (Université de Texas Health Science Center) :

    https://nba.uth.tmc.edu/neuroscience/index.htm
5. BrainFacts.org - Society for Neuroscience :

    https://www.brainfacts.org/
6. Allen Institute for Brain Science :

    https://alleninstitute.org/
7. The Dana Foundation - Your Brain Health :

    https://dana.org/
8. NeuroscienceNews :

    https://neurosciencenews.com/

9. Frontiers in Neuroscience - Articles en Accès Libre :
   https://www.frontiersin.org/journals/neuroscience

Voici aussi quelques ressources qui abordent le sujet complexe de la conscience humaine :

1. Stanford Encyclopedia of Philosophy – Consciousness :

   https://plato.stanford.edu/entries/consciousness/

2. Internet Encyclopedia of Philosophy - Philosophy of Mind :

   https://www.iep.utm.edu/mind-phi/

3. TED Talks - Talks on Consciousness :

   https://www.ted.com/topics/consciousness

4. The Conscious Mind - David Chalmers (Book Summary) :

   https://www.youtube.com/watch?v=aVcVm7q3C2s

5. MIT Technology Review - Understanding Consciousness :

   https://www.technologyreview.com/s/613156/a-radical-new-hypothesis-in-neuroscience-a-missing-brain-chemical-could-be-behind/

6. PhilPapers - Online Research in Consciousness :

   https://philpapers.org/browse/consciousness

7. Khan Academy - Introduction to Psychology: Consciousness and the Two-Track Mind

https://www.khanacademy.org/test-prep/mcat/behavior/individuals-and-society/v/consciousness-and-the-two-track-mind

8. The Guardian - The Science of Consciousness :

https://www.theguardian.com/science/neurophilosophy+consciousness